职业教育
数字媒体应用人才培养系列教材

边做边学

Illustrator

平面设计案例教程

微课版 **Illustrator CC 2019**

田保慧／主编

兰岚 郭凯／副主编

人民邮电出版社

北 京

图书在版编目（CIP）数据

边做边学：Illustrator平面设计案例教程：微课
版 / 田保慧主编. -- 北京：人民邮电出版社，2022.3(2023.4重印)
职业教育数字媒体应用人才培养系列教材
ISBN 978-7-115-57143-4

Ⅰ. ①边… Ⅱ. ①田… Ⅲ. ①平面设计－图形软件－
职业教育－教材 Ⅳ. ①TP391.412

中国版本图书馆CIP数据核字(2021)第165728号

内 容 提 要

本书全面系统地介绍 Illustrator CC 2019 的基本操作方法和矢量图形绘制技巧，并对 Illustrator 在平面设计领域的应用进行深入的讲解，具体包括初识 Illustrator CC 2019、实物绘制、图标设计、插画设计、海报设计、Banner 设计、书籍封面设计、画册设计、包装设计和综合设计实训等内容。

本书内容均以实训案例为主线，通过案例操作，学生可以快速熟悉软件的基本操作；通过实战演练和综合演练，学生可以提高实际应用能力，掌握软件使用技巧；通过综合设计实训，学生可以更好地领会商业设计理念和设计思路，拓展实战能力。

本书适合作为高等职业院校数字媒体专业平面设计课程的教材，也可作为初涉设计领域人员的参考用书。

◆ 主　　编　田保慧
　副主编　兰　岚　郭　凯
　责任编辑　王亚娜
　责任印制　王　郁　焦志炜
◆ 人民邮电出版社出版发行　　北京市丰台区成寿寺路 11 号
　邮编　100164　电子邮件　315@ptpress.com.cn
　网址　https://www.ptpress.com.cn
　三河市君旺印务有限公司印刷
◆ 开本：787×1092　1/16
　印张：15.5　　　　　　　　2022 年 3 月第 1 版
　字数：394 千字　　　　　　2023 年 4 月河北第 2 次印刷

定价：59.80 元

读者服务热线：(010)81055256　印装质量热线：(010)81055316
反盗版热线：(010)81055315
广告经营许可证：京东市监广登字 20170147 号

Illustrator 是由 Adobe 公司开发的矢量图形处理和编辑软件。它功能强大、易学易用。目前，很多高等职业院校的数字媒体专业都将 Illustrator 列为一门重要的专业课程。为了帮助教师全面、系统地讲授这门课程，使学生能够熟练地使用 Illustrator 来进行平面设计，我们几位长期在高等职业院校从事 Illustrator 教学的教师与专业平面设计公司经验丰富的设计师合作，共同编写了本书。

根据现代职业院校的教学方向和教学要求，我们对本书的体系做了精心设计。全书根据 Illustrator 在设计领域的应用方向来布置分章，各方向都按照"课堂案例—软件功能解析—课堂实战演练—课后综合演练"这一思路进行编排，力求使学生既熟练掌握软件的操作技巧，又了解真实设计案例的设计思路与制作过程。

在内容组织方面，我们力求细致全面、重点突出；在文字叙述方面，我们注意言简意赅、通俗易懂；在案例选取方面，我们强调案例的针对性和实用性。

为方便教师教学，本书提供书中所有案例的素材及效果文件，还配备微课视频、PPT 课件、教学教案、大纲等丰富的教学资源，任课教师可登录人邮教育社区（www.ryjiaoyu.com）免费下载使用。本书的参考学时为 60 学时，各章的参考学时参见下面的学时分配表。

章号	课程内容	学时分配
第 1 章	初识 Illustrator CC 2019	4
第 2 章	实物绘制	6
第 3 章	图标设计	4
第 4 章	插画设计	8
第 5 章	海报设计	6
第 6 章	Banner 设计	6
第 7 章	书籍封面设计	8
第 8 章	画册设计	4
第 9 章	包装设计	8
第 10 章	综合设计实训	6
学 时 总 计		60

本书由田保慧任主编，兰岚、郭凯任副主编。由于编者水平有限，书中难免存在疏漏和不妥之处，敬请广大读者批评指正。

编者

2021 年 10 月

教学辅助资源

素材类型	数量	素材类型	数量
教学大纲	1 份	实战演练	16 个
电子教案	1 套	综合演练	16 个
PPT 课件	10 章	微课视频	76 个

配套视频列表

章	视频微课	章	视频微课
第 2 章 实物绘制	绘制校车插画	第 6 章 Banner 设计	制作女装网页 Banner
	绘制动物挂牌		制作家电网页 Banner
	绘制可口冰淇淋图标		制作洗衣机网页 Banner
	绘制卡通帽插画	第 7 章 书籍封面 设计	制作少儿图书封面
	绘制婴儿贴图标		制作美食图书封面
	绘制钱包插画		制作环球旅行图书封面
第 3 章 图标设计	绘制娱乐媒体 App 金刚区歌单图标		制作手机摄影图书封面
	绘制电商平台 App 金刚区家电图标		制作儿童插画图书封面
	绘制旅游出行 App 金刚区租车图标		制作旅游攻略图书封面
	绘制餐饮 App 产品图标	第 8 章 画册设计	制作房地产画册封面
	绘制家具销售 App 金刚区商店图标		制作旅游画册封面
	绘制健康医疗 App 金刚区推荐图标		制作房地产画册内页 1
第 4 章 插画设计	绘制风景插画		制作旅游画册内页 1
	绘制轮船插画		制作房地产画册内页 2
	绘制许愿灯插画		制作旅游画册内页 2
	绘制超市插画	第 9 章 包装设计	制作柠檬汁包装
	绘制飞艇插画		制作咖啡包装
	绘制休闲卡通插画		制作巧克力豆包装
第 5 章 海报设计	制作设计作品展海报		制作香皂包装
	制作店庆海报		制作坚果食品包装
	制作促销海报		制作糖果手提袋
	制作音乐节海报	第 10 章 综合设计 实训	制作金融理财 App 的 Banner
	制作手机促销海报		制作家居电商网站产品详情页
	制作阅读平台推广海报		制作美食海报
第 6 章 Banner 设计	制作汽车广告 Banner		制作菜谱图书封面
	制作电商平台 App 的 Banner		制作苏打饼干包装
	制作美妆类 App 的 Banner		

目录 C O N T E N T S

CONTENTS 目录

目录 C O N T E N T S

01

第 1 章
初识 Illustrator CC 2019

本章详细讲解 Illustrator CC 2019 的基础知识和基本操作。通过本章的学习，读者应对 Illustrator CC 2019 有初步的认识，并能够掌握软件的基本操作方法，为进一步学习平面设计打下坚实的基础。

课堂学习目标

- 熟悉 Illustrator CC 2019 的工作界面
- 掌握图像的基本操作方法
- 掌握文件设置的基本方法

1.1 界面操作

1.1.1 【操作目的】

通过打开文件和取消编组熟悉菜单栏的操作，通过选取图形掌握工具箱中工具的使用方法，通过改变图形的颜色掌握控制面板的使用方法。

1.1.2 【操作步骤】

（1）打开 Illustrator CC 2019，选择"文件 > 打开"命令，弹出"打开"对话框，选择云盘中的"Ch01 > 效果 > 绘制线性图标 .ai"文件，单击"打开"按钮，打开文件，显示 Illustrator CC 2019 的工作界面，如图 1-1 所示。

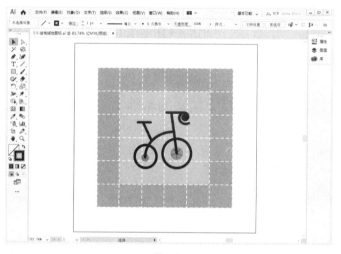

图 1-1

（2）在左侧工具箱中选择选择工具 ▶，单击选取图形，如图 1-2 所示。按 Ctrl+C 组合键复制图形。按 Ctrl+N 组合键，弹出"新建文档"对话框，选项的设置如图 1-3 所示，单击"创建"按钮，新建一个页面。按 Ctrl+V 组合键，将复制的图形粘贴到新建的页面中，如图 1-4 所示。

图 1-2

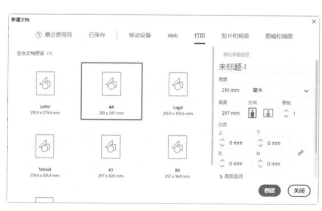

图 1-3

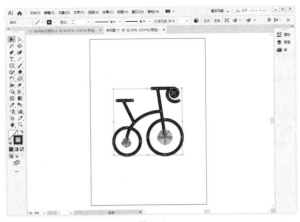

图 1-4

（3）在上方的菜单栏中选择"对象 > 取消编组"命令，取消对象的编组状态。选择选择工具 ▶，选取图形，如图 1-5 所示。选择"窗口 > 色板"命令，弹出"色板"控制面板，单击选择需要的颜色，如图 1-6 所示，图形被填充颜色，效果如图 1-7 所示。

图 1-5

图 1-6

图 1-7

（4）按 Ctrl+S 组合键，弹出"存储为"对话框，设置保存文件的名称、类型和路径，单击"保存"按钮，保存文件。

1.1.3 【相关工具】

1．界面介绍

Illustrator CC 2019 的工作界面主要由菜单栏、标题栏、工具箱、工具属性栏、控制面板、页面区域、滚动条、泊槽和状态栏等部分组成，如图 1-8 所示。

● 菜单栏：包括 Illustrator CC 2019 中所有的操作命令，共 9 个主菜单，每一个菜单中又包含各自的子菜单，通过选择子菜单中的命令可以完成软件基本操作。

● 标题栏：标题栏左侧是当前运行程序的名称，右侧是控制窗口的按钮。

● 工具箱：包括 Illustrator CC 2019 中所有的工具，大部分工具还有其展式工具栏，其中包括与该工具功能相似的工具，利用工具箱可以更方便、快捷地进行绘图与编辑。

● 工具属性栏：当选中工具箱中的一个工具后，会在 Illustrator CC 2019 的工作界面中出现该工具的属性栏。

● 控制面板：使用控制面板可以快速调出用于设置数值和调节功能的对话框，它是 Illustrator CC 2019 中最重要的组件之一。控制面板是可以折叠的，可根据需要分离或组合，非常灵活。

● 页面区域：指在工作界面的中间以黑色实线表示的矩形区域，这个区域的大小就是用户设置的页面大小。

● 滚动条：当屏幕内不能完全显示出整个文档的时候，可以通过拖曳滚动条来实现对文档其余部分的浏览。

● 泊槽：用于组织和存放控制面板。

● 状态栏：显示当前文档视图的显示比例，以及当前正在使用的工具、时间和日期等信息。

图1-8

2．菜单栏及其快捷方式

熟练使用菜单栏能够快速、高效地绘制和编辑图像，达到事半功倍的效果，下面详细介绍菜单栏。

Illustrator CC 2019 的菜单栏包含"文件""编辑""对象""文字""选择""效果""视图""窗口"和"帮助"9个菜单，如图 1-9 所示。单击某个菜单项即可弹出对应的子菜单。

文件(F)　编辑(E)　对象(O)　文字(T)　选择(S)　效果(C)　视图(V)　窗口(W)　帮助(H)

图1-9

每个子菜单的左边是命令的名称，在经常使用的命令右边是该命令的快捷键。要执行该命令，可以直接在键盘上按快捷键，这样可以提高操作速度。例如，"选择 > 全部"命令的快捷键为 Ctrl+A。

有些命令的右边有一个黑色的右箭头标记"＞"，表示该命令还有相应的命令组，用鼠标单击它，即可弹出其命令组。有些命令的后面有省略号"…"，用鼠标单击该命令可以弹出相应的对话框，在对话框中可进行更详尽的设置。有些命令呈灰色，表示该命令在当前状态下为不可用，需要选中相应的对象或进行合适的设置后，该命令才会变为黑色，即呈可用状态。

3．工具箱

利用 Illustrator CC 2019 工具箱中的工具可以在绘制和编辑图像的过程中制作出更加精彩的效果。工具箱如图 1-10 所示。

工具箱中部分工具按钮的右下角带有一个黑色三角形◢，表

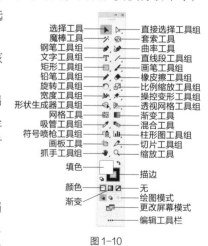

图1-10

示该工具还有展开工具组，将鼠标指针置于该工具上并按住鼠标左键不放，即可弹出展开工具组。例如文字工具 T 的展开工具组如图 1-11 所示。用鼠标单击文字工具组右边的黑色三角形，如图 1-12 所示，文字工具组就从工具箱中分离出来，成为一个相对独立的工具栏，如图 1-13 所示。

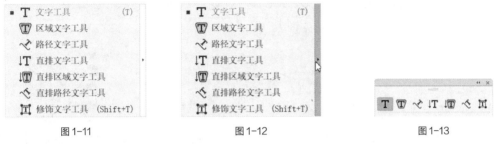

图 1-11   图 1-12   图 1-13

下面分别介绍各展开工具组。

● 直接选择工具组：包括直接选择工具和编组选择工具 2 个工具，如图 1-14 所示。

● 钢笔工具组：包括钢笔工具、添加锚点工具、删除锚点工具和锚点工具 4 个工具，如图 1-15 所示。

● 文字工具组：包括文字工具、区域文字工具、路径文字工具、直排文字工具、直排区域文字工具、直排路径文字工具和修饰文字工具 7 个工具，如图 1-16 所示。

图 1-14   图 1-15   图 1-16

● 直线段工具组：包括直线段工具、弧形工具、螺旋线工具、矩形网格工具和极坐标网格工具 5 个工具，如图 1-17 所示。

● 矩形工具组：包括矩形工具、圆角矩形工具、椭圆工具、多边形工具、星形工具和光晕工具 6 个工具，如图 1-18 所示。

● 画笔工具组：包括画笔工具和斑点画笔工具 2 个工具，如图 1-19 所示。

● 铅笔工具组：包括 Shaper 工具、铅笔工具、平滑工具、路径橡皮擦工具和连接工具 5 个工具，如图 1-20 所示。

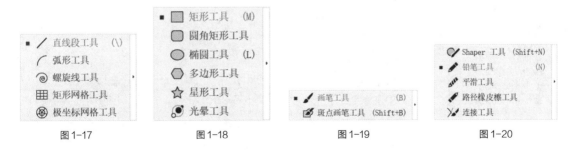

图 1-17   图 1-18   图 1-19   图 1-20

● 橡皮擦工具组：包括橡皮擦工具、剪刀工具和刻刀 3 个工具，如图 1-21 所示。

● 旋转工具组：包括旋转工具和镜像工具 2 个工具，如图 1-22 所示。

● 比例缩放工具组：包括比例缩放工具、倾斜工具和整形工具 3 个工具，如图 1-23 所示。

● 宽度工具组：包括宽度工具、变形工具、旋转扭曲工具、缩拢工具、膨胀工具、扇贝工具、晶格化工具和皱褶工具 8 个工具，如图 1-24 所示。

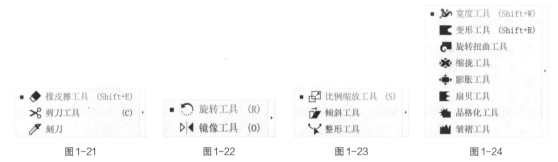

图 1-21　　　　　　图 1-22　　　　　　图 1-23　　　　　　图 1-24

● 操控变形工具组：包括操控变形工具和自由变换工具 2 个工具，如图 1-25 所示。

● 形状生成器工具组：包括形状生成器工具、实时上色工具和实时上色选择工具 3 个工具，如图 1-26 所示。

● 透视网格工具组：包括透视网格工具和透视选区工具 2 个工具，如图 1-27 所示。

● 吸管工具组：包括吸管工具和度量工具 2 个工具，如图 1-28 所示。

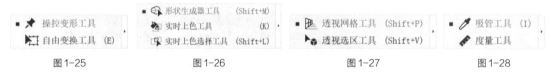

图 1-25　　　　　　图 1-26　　　　　　图 1-27　　　　　　图 1-28

● 符号喷枪工具组：包括符号喷枪工具、符号移位器工具、符号紧缩器工具、符号缩放器工具、符号旋转器工具、符号着色器工具、符号滤色器工具和符号样式器工具 8 个工具，如图 1-29 所示。

● 柱形图工具组：包括柱形图工具、堆积柱形图工具、条形图工具、堆积条形图工具、折线图工具、面积图工具、散点图工具、饼图工具和雷达图工具 9 个工具，如图 1-30 所示。

● 切片工具组：包括切片工具和切片选择工具 2 个工具，如图 1-31 所示。

● 抓手工具组：包括抓手工具和打印拼贴工具 2 个工具，如图 1-32 所示。

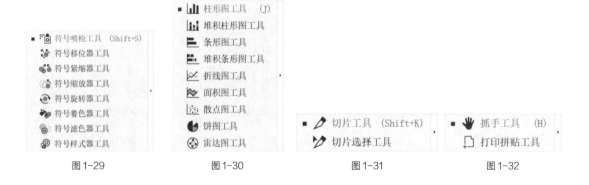

图 1-29　　　　　　图 1-30　　　　　　图 1-31　　　　　　图 1-32

4．工具属性栏

通过 Illustrator CC 2019 的工具属性栏可以快捷应用与所选对象相关的选项。它根据所选工具和对象的不同来显示不同的选项，涵盖画笔、描边、样式等多个控制面板的功能。选择路径对象的锚点后，工具属性栏如图 1-33 所示；选择文字工具 $\boxed{\text{T}}$ 后，工具属性栏如图 1-34 所示。

图 1-33

图 1-34

5．控制面板

Illustrator CC 2019 的控制面板位于工作界面的右侧，它包括许多实用、快捷的工具和命令。

控制面板以组的形式出现，图 1-35 所示是其中的一组控制面板。将鼠标指针置于"色板"控制面板的标题上（见图 1-36），按住鼠标左键不放，向页面中拖曳"色板"标签页，如图 1-37 所示。拖曳到控制面板组外时，释放鼠标左键，"色板"标签页将形成独立的控制面板，如图 1-38 所示。

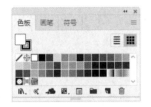

图 1-35

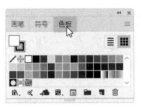

图 1-36

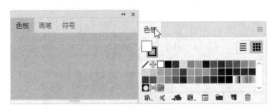

图 1-37

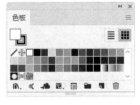

图 1-38

可用鼠标单击控制面板右上角的折叠为图标按钮 ‹‹ 或展开按钮 ›› 来折叠或展开控制面板，效果如图 1-39 所示。将鼠标指针放置在控制面板右下角，指针变为 图标，单击并按住鼠标左键不放，拖曳鼠标可放大或缩小控制面板。

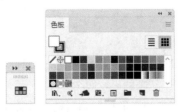

图 1-39

绘制图形图像时，经常需要选择不同的选项和数值，可以通过控制面板直接进行操作。通过选择"窗口"菜单中的相应命令可以显示或隐藏控制面板。这样可省去反复选择命令或关闭窗口的麻烦。控制面板为用户设置数值和修改命令提供了一个方便、快捷的平台，使软件的交互性更强。

6. 状态栏

状态栏在工作界面的最下面，包括 4 个部分：第 1 部分的百分比表示当前文档的显示比例；第 2 部分是画板导航，可在画板间切换；第 3 部分显示当前使用的工具，当前的日期、时间，文件操作的还原次数和文档颜色配置文件等；右侧是滚动条，当绘制的图像过大不能完全显示时，可以通过拖曳滚动条浏览整个图像，如图 1-40 所示。

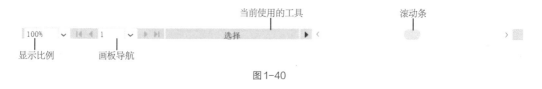

图 1-40

1.2 文件设置

1.2.1 【操作目的】

通过打开案例效果文件学会使用"打开"命令，通过复制文件学会使用"新建"命令，通过关闭新建文件学会使用"存储"和"关闭"命令。

1.2.2 【操作步骤】

（1）打开 Illustrator CC 2019，选择"文件 > 打开"命令，弹出"打开"对话框，如图 1-41 所示。选择云盘中的"Ch01 > 效果 > 绘制节能环保插画 .ai"文件，单击"打开"按钮，打开效果文件，效果如图 1-42 所示。

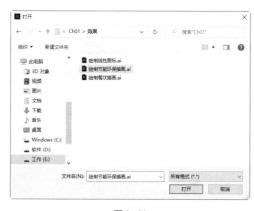

图 1-41

图 1-42

（2）按 Ctrl+A 组合键全选图形，如图 1-43 所示。按 Ctrl+C 组合键复制图形。选择"文件 > 新建"命令，弹出"新建文档"对话框，选项的设置如图 1-44 所示，单击"创建"按钮，新建一个页面。

（3）按 Ctrl+V 组合键，将复制的图形粘贴到新建的页面中，并将其拖曳到适当的位置，如图 1-45 所示。单击绘图窗口右上角的 ✖ 按钮，弹出提示对话框，如图 1-46 所示。单击"是"按钮，弹出"存储为"对话框，选项的设置如图 1-47 所示。单击"保存"按钮，弹出"Illustrator 选项"对话框，选项的设置如图 1-48 所示，单击"确定"按钮，保存文件。

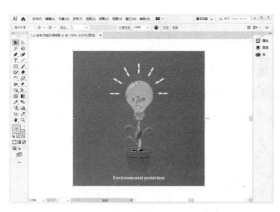

图 1-43

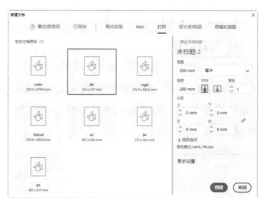

图 1-44

图 1-45

图 1-46

图 1-47

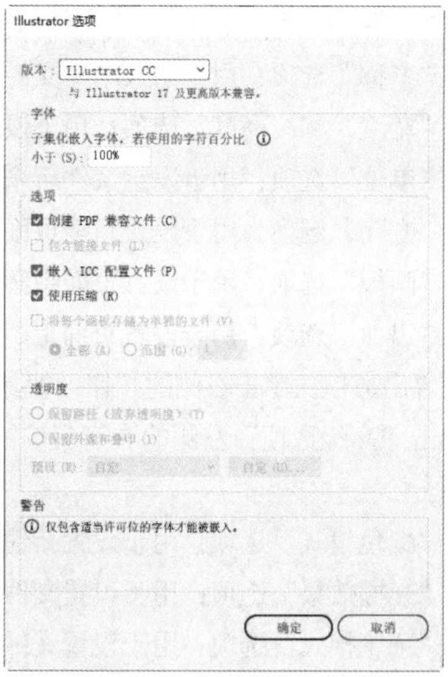

图 1-48

（4）再次单击绘图窗口右上角的 × 按钮，关闭打开的"绘制节能环保插画 .ai"文件。单击菜单栏右侧的"关闭"按钮 ×，可关闭软件。

1.2.3　【相关工具】

1．新建文件

选择"文件 > 新建"命令（或按 Ctrl+N 组合键），弹出"新建文档"对话框。根据需要单击上方的类别选项卡，选择需要的预设空白文档，如图 1-49 所示。在右侧的"预设详细信息"区域中修改图像的名称、宽度和高度、分辨率和颜色模式等预设数值。设置完成后，单击"创建"按钮，即可建立一个新的文档。

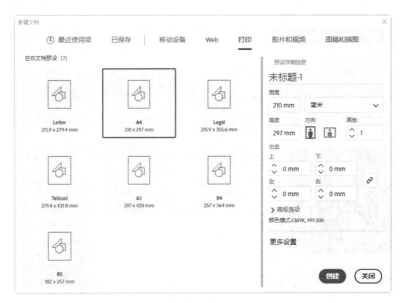

图1-49

"预设详细信息"区域中主要选项的功能如下。

- "名称"选项：用于输入新建文件的名称，默认状态下为"未标题 - 1"。
- "宽度"和"高度"选项：用于设置文件的宽度和高度。
- "单位"选项：用于设置文件所采用的单位，默认状态下为"毫米"。
- "方向"选项：用于设置新建页面是竖向还是横向排列。
- "画板"选项：用于设置页面中画板的数量。
- "出血"选项：用于设置页面上、下、左、右的出血值。默认状态下，右侧为锁定 状态，可同时设置出血值；单击右侧的按钮，使其处于解锁状态 ，可单独设置出血值。

单击"高级选项"左侧的右箭头按钮，可以展开高级选项，如图 1-50 所示。其中各选项的功能如下。

- "颜色模式"选项：用于设置新建文件的颜色模式。
- "光栅效果"选项：用于设置文件的栅格效果。
- "预览模式"选项：用于设置文件的预览模式。

单击 更多设置 按钮，弹出"更多设置"对话框，如图 1-51 所示，可进行更细化的设置。

2．打开文件

选择"文件 > 打开"命令（或按 Ctrl+O 组合键），弹出"打开"对话框，如图 1-52 所示。

在对话框中搜索路径和要打开的文件，确认文件类型和名称，单击"打开"按钮，即可打开选择的文件。

图 1-50　　　　　　　　　　　　　　　　　　　图 1-51

3. 保存文件

当用户第一次保存文件时，选择"文件 > 存储"命令（或按 Ctrl+S 组合键），弹出"存储为"对话框，如图 1-53 所示。在对话框中输入要保存的文件名称，设置保存文件的路径、类型，单击"保存"按钮，即可保存文件。

图 1-52　　　　　　　　　　　　　　　　　　　图 1-53

当用户对图形文件进行了各种编辑操作并保存后，再选择"存储"命令时，不会弹出"存储为"对话框，计算机会直接保存最终确认的结果，并覆盖原文件。因此，在未确定要放弃原始文件之前，应慎用此命令。

若既要保存修改过的文件，又不想放弃原文件，可使用"存储为"命令。选择"文件 > 存储为"命令（或按 Shift+Ctrl+S 组合键），弹出"存储为"对话框。在该对话框中，可以为修改过的文件重新命名，并设置文件的路径和类型。设置完成后，单击"保存"按钮，原文件保留不变，而修改过的文件被另存为一个新的文件。

4．关闭文件

选择"文件 > 关闭"命令（或按 Ctrl+W 组合键），如图 1-54 所示，可将当前文件关闭。"关闭"命令只有当有文件被打开时才呈现为可用状态。也可单击绘图窗口右上角的⊠按钮来关闭文件。若当前文件被修改过或是新建的文件，那么在关闭文件时系统就会弹出一个提示框，如图 1-55 所示。单击"是"按钮可先保存再关闭文件，单击"否"按钮则不保存文件的更改而直接关闭文件，单击"取消"按钮可取消关闭文件的操作。

图 1-54

图 1-55

1.3 图像操作

1.3.1 【操作目的】

通过将窗口层叠显示掌握窗口排列的方法，通过缩小文件掌握图像的显示方式，通过在轮廓中删除不需要的图形掌握图像视图模式的切换方法。

1.3.2 【操作步骤】

（1）打开 Illustrator CC 2019，按 Ctrl+O 组合键，打开云盘中的"Ch01 > 效果 > 绘制餐饮插画.ai"文件，如图 1-56 所示。新建 3 个文件，并分别选取需要的图形，复制到新建的文件中，如图 1-57、图 1-58 和图 1-59 所示。

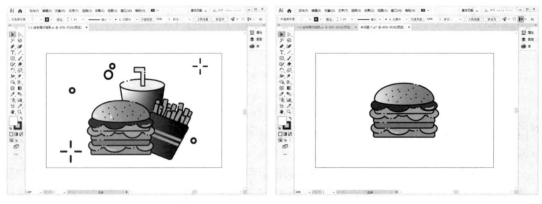

图 1-56   图 1-57

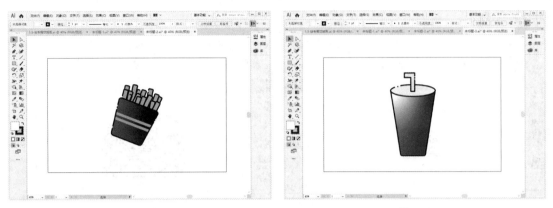

图 1-58   图 1-59

（2）选择"窗口 > 排列 > 平铺"命令，可将 4 个窗口在软件中平铺显示，如图 1-60 所示。单击"绘制餐饮插画 .ai"窗口的标题栏，将窗口显示在前面，如图 1-61 所示。

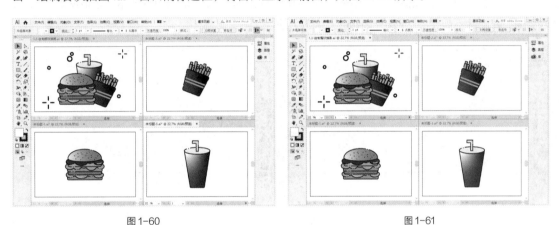

图 1-60   图 1-61

（3）选择缩放工具 🔍，在绘图页面中单击，使页面放大，如图 1-62 所示。在按住 Alt 键的同时，多次单击直到页面的大小适当，如图 1-63 所示。

图 1-62   图 1-63

（4）选择"窗口 > 排列 > 合并所有窗口"命令，可将 4 个窗口合并。单击"未标题 -1"窗口的标题栏，将窗口显示在前面，如图 1-64 所示。双击抓手工具 ✋，将图像调整为适合窗口的大小，如图 1-65 所示。

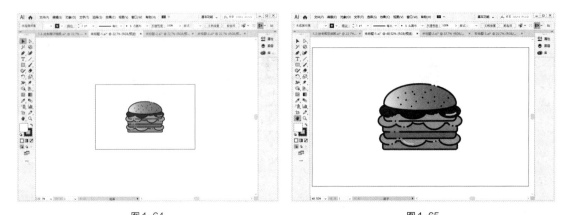

图 1-64   图 1-65

（5）选择"视图 > 轮廓"命令，绘图页面显示图形的轮廓，如图 1-66 所示。选取图形的轮廓，取消编组并删除不需要的图形轮廓，如图 1-67 所示。

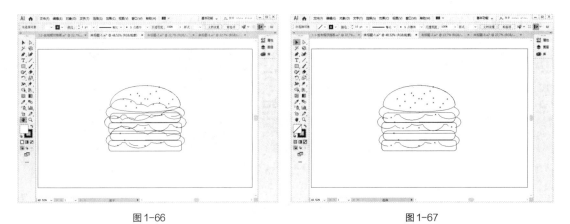

图 1-66   图 1-67

（6）选择"视图 > 在 CPU 上预览"命令，绘图页面显示预览效果，如图 1-68 所示。将复制的效果分别保存到需要的文件夹中。

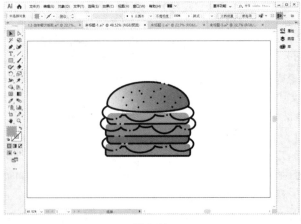

图 1-68

1.3.3　【相关工具】

1. 图像的视图模式

Illustrator CC 2019 包括 6 种视图模式：CPU 预览、轮廓、GPU 预览、叠印预览、像素预览和裁切视图。绘制图像的时候，可根据不同的需要选择不同的视图模式。

● "CPU 预览"模式是系统默认的模式，图像显示效果如图 1-69 所示。

● "轮廓"模式隐藏了图像的颜色信息，用线框轮廓来表现图像。这样在绘制图像时就有很高的灵活性，可以根据需要，单独查看轮廓线，极大地节省了图像运算的速度，提高了工作效率。"轮廓"模式的图像显示效果如图 1-70 所示。如果当前图像为其他模式，选择"视图 > 轮廓"命令（或按 Ctrl+Y 组合键），将切换到"轮廓"模式，再选择"视图 > 在 CPU 上预览"命令（或按 Ctrl+Y 组合键），将切换到"CPU 预览"模式，可以预览彩色图稿。

● 在"GPU 预览"模式下，当屏幕分辨率的高度或宽度大于 2 000 像素时，可以按轮廓查看图稿，轮廓的路径显示会更平滑，且可以缩短重新绘制图稿的时间。如果当前图像为其他模式，选择"视图 > GPU 预览"命令（或按 Ctrl+E 组合键），可切换到"GPU 预览"模式。

● "叠印预览"模式可以显示接近油墨混合的效果，如图 1-71 所示。如果当前图像为其他模式，选择"视图 > 叠印预览"命令（或按 Alt+Shift+Ctrl+Y 组合键），可切换到"叠印预览"模式。

● 在"像素预览"模式下可将绘制的矢量图像转换为位图显示。这样可以有效控制图像的精确度和尺寸等。转换后的图像在放大时会看见排列在一起的像素点，如图 1-72 所示。如果当前图像为其他模式，选择"视图 > 像素预览"命令（或按 Alt+Ctrl+Y 组合键），可切换到"像素预览"模式。

图 1-69　　　　　　图 1-70　　　　　　图 1-71　　　　　　图 1-72

● 在"裁切视图"模式下可以剪除画板边缘以外的图稿，并隐藏画布上的所有非打印对象，如网格、参考线等。如果当前图像为其他模式，选择"视图 > 裁切视图"命令，可切换到"裁切视图"模式。

2. 图像的显示方式

◎ 适合窗口大小显示图像

绘制图像时，可以选择"适合窗口大小"命令来显示图像，这时图像就会最大限度地显示在工作界面中并保持其完整性。

选择"视图 > 画板适合窗口大小"命令（或按 Ctrl+O 组合键），可以放大当前画板内容，图像显示的效果如图 1-73 所示。也可以用鼠标双击抓手工具，将图像调整为适合窗口的大小。

选择"视图 > 全部适合窗口大小"命令（或按 Alt+Ctrl+O 组合键），可以查看窗口中的所有画板内容。

◎ 显示图像的实际大小

选择"视图 > 实际大小"命令（或按 Ctrl+1 组合键），图像的显示效果如图 1-74 所示，即按 100% 的效果显示，在此状态下可以对图像进行精确的编辑。

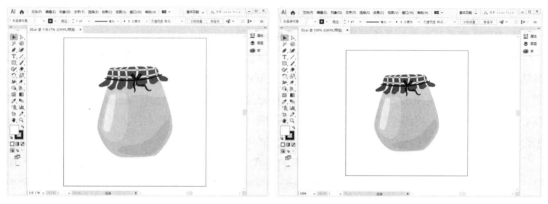

图 1-73   图 1-74

◎ 放大显示图像

选择"视图 > 放大"命令（或按 Ctrl++ 组合键），页面内的图像会被放大一级。例如，图像以 100% 的比例显示在屏幕上，选择"放大"命令一次，则放大比例为 150%，再选择一次，则放大比例为 200%，效果如图 1-75 所示。

也可使用缩放工具放大显示图像。选择缩放工具🔍，在页面中鼠标指针会自动变为放大镜图标🔍，每单击一次鼠标左键，图像就会放大一级。例如，图像以 100% 的比例显示在屏幕上，单击鼠标一次，则放大比例为 150%，效果如图 1-76 所示。

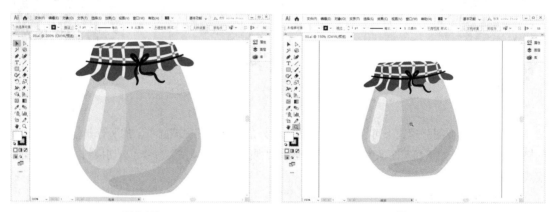

图 1-75   图 1-76

若要对图像的局部区域放大，可先选择缩放工具🔍，然后把放大镜图标🔍定位在要放大的区域外，按住鼠标左键并拖曳鼠标指针，画出矩形框圈选所需的区域，如图 1-77 所示，然后释放鼠标左键，这个区域就会放大显示并填满图像窗口，如图 1-78 所示。

提示

如果当前正在使用其他工具，按 Ctrl+Space（空格）组合键即可切换到缩放工具。

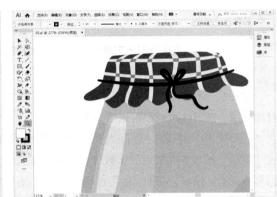

图 1-77　　　　　　　　　　　　　　　　图 1-78

使用状态栏也可放大显示图像。在状态栏中的百分比数值框 100% 中直接输入需要放大的百分比数值，按 Enter 键即可执行放大操作。

还可使用"导航器"控制面板放大显示图像。单击面板右侧的"放大"按钮 ，可逐级地放大图像，如图 1-79 所示。在"放大"按钮左侧的百分比数值框中输入数值后，按 Enter 键也可以将图像放大，如图 1-80 所示。单击百分比数值框右侧的 按钮，在弹出的下拉列表中可以选择缩放比例。

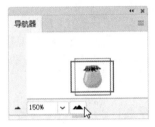
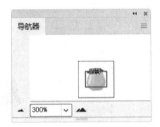

图 1-79　　　　　　　　　　　　　　　　图 1-80

◎ 缩小显示图像

选择"视图 > 缩小"命令，页面内的图像就会被缩小一级（或连续按 Ctrl+- 组合键），效果如图 1-81 所示。

也可使用缩小工具缩小显示图像。选择缩放工具 ，在页面中鼠标指针会自动变为放大镜图标 ，按 Alt 键，则屏幕上的放大镜图标会变为缩小工具图标 。按住 Alt 键不放，单击图像一次，图像就会缩小一级。

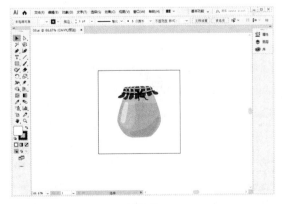

图 1-81

提 示

在使用其他工具时，按 Alt+Ctrl+Space（空格）组合键即可切换到缩小工具。

使用状态栏也可缩小显示图像。在状态栏中的百分比数值框 100% ∨ 中直接输入需要缩小的百分比数值，按 Enter 键即可执行缩小操作。

还可使用"导航器"控制面板缩小显示图像。单击面板左侧的"缩小"按钮 ▲ ，可逐级地缩小图像。在"缩小"按钮左侧的百分比数值框中输入数值后，按 Enter 键也可以将图像缩小。单击百分比数值框右侧的 ∨ 按钮，在弹出的下拉列表中可以选择缩放比例。

◎ 全屏显示图像

全屏显示图像，可以更好地观察图像的完整效果。单击工具箱下方的屏幕模式转换按钮，可以在 3 种显示模式之间相互转换，即正常屏幕模式、带有菜单栏的全屏模式和全屏模式。按 F 键也可切换屏幕显示模式。

● 正常屏幕模式：如图 1-82 所示，该模式下显示标题栏、菜单栏、工具箱、工具属性栏、控制面板、状态栏和打开文件的标题栏。

图 1-82

● 带有菜单栏的全屏模式：如图 1-83 所示，该模式下显示菜单栏、工具箱、工具属性栏和控制面板。

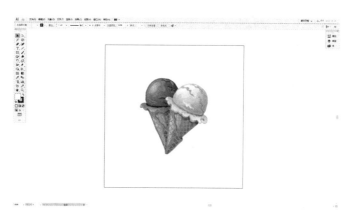

图 1-83

● 全屏模式：如图 1-84 所示，该模式下只显示页面。按 Tab 键，可以调出菜单栏、工具箱、工具属性栏和控制面板（见图 1-83）。

图 1-84

除此之外，在演示文稿模式下也可以全屏显示图像，图稿将作为演示文稿显示，如图 1-85 所示。按 Shift+F 组合键，可以切换至演示文稿模式。

图 1-85

3. 窗口的排列方法

当用户打开多个文件时，屏幕会出现多个图像文件窗口，这就需要对窗口进行布置和排列。

同时打开多幅图像，效果如图 1-86 所示。选择"窗口 > 排列 > 全部在窗口中浮动"命令，图像都浮动排列在界面中，如图 1-87 所示。此时，可对图像进行层叠、平铺的操作。选择"合并所有窗口"命令，可将所有图像再次合并到选项卡中。

图 1-86

图 1-87

选择"窗口 > 排列 > 平铺"命令，图像的排列效果如图 1-88 所示；选择"窗口 > 排列 > 层叠"命令，图像的排列效果如图 1-89 所示。

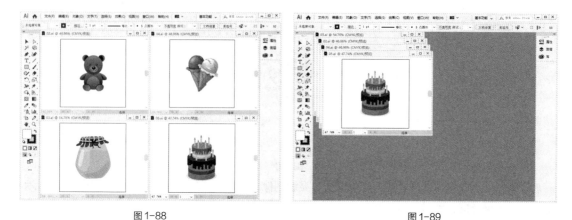

图 1-88   图 1-89

4．标尺、参考线、网格的设置和使用

Illustrator CC 2019 提供了标尺、参考线和网格等工具，利用这些工具可以帮助用户对所绘制和编辑的图形图像精确定位，还可测量图形图像的准确尺寸。

◎ 标尺

选择"视图 > 标尺 > 显示标尺"命令（或按 Ctrl+R 组合键），即可显示出标尺，效果如图 1-90 所示。如果要将标尺隐藏，可以选择"视图 > 标尺 > 隐藏标尺"命令（或按 Ctrl+R 组合键）。

如果需要设置标尺的显示单位，则选择"编辑 > 首选项 > 单位"命令，弹出"首选项"对话框，如图 1-91 所示，可通过"常规"选项的下拉列表设置标尺的显示单位。

图 1-90   图 1-91

如果仅需要对当前文件设置标尺的显示单位，可选择"文件 > 文档设置"命令，弹出"文档设置"对话框，如图 1-92 所示，可通过"单位"选项的下拉列表设置标尺的显示单位。用这种方法设置的标尺单位对以后新建文件的标尺单位不起作用。

在系统默认的状态下，标尺的坐标原点在工作页面的左下角，如果想要更改坐标原点的位置，单击水平标尺与垂直标尺的交点并将其拖曳到页面中，释放鼠标，即可将坐标原点设置在此处。如果想要恢复标尺原点的默认位置，双击水平标尺与垂直标尺的交点即可。

◎ 参考线

如果想要添加参考线，可以用鼠标在水平或垂直标尺上向页面中拖曳参考线，还可根据需要将图形或路径转换为参考线。

选中要转换的路径，如图 1-93 所示，选择"视图 > 参考线 > 建立参考线"命令（或按 Ctrl+5 组合键），可将选中的路径转换为参考线，如图 1-94 所示。选择"视图 > 参考线 > 释放参考线"命令（或按 Alt+Ctrl+5 组合键），可以将选中的参考线转换为路径。

图 1-92

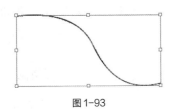

图 1-93

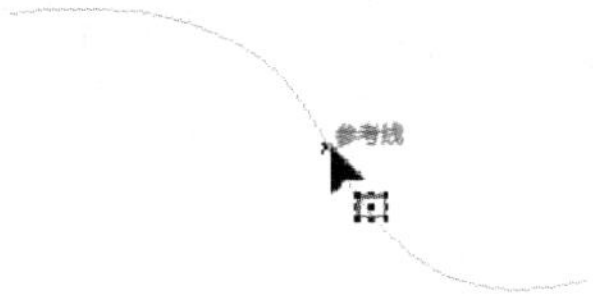

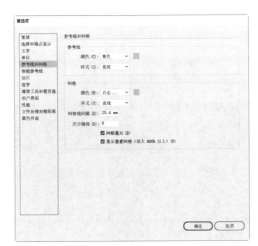

图 1-94

选择"视图 > 参考线 > 隐藏参考线"命令（或按 Ctrl+；组合键），可以将参考线隐藏。

选择"视图 > 参考线 > 锁定参考线"命令（或按 Alt+Ctrl+；组合键），可以将参考线锁定。

选择"视图 > 参考线 > 清除参考线"命令，可以清除参考线。

选择"视图 > 智能参考线"命令（或按 Ctrl+U 组合键），可以显示智能参考线。当图形移动或旋转到一定角度时，智能参考线就会高亮显示并给出提示信息。

◎ 网格

选择"视图 > 显示网格"命令，即可显示出网格，效果如图 1-95 所示。选择"视图 > 隐藏网格"命令（或按 Ctrl+"组合键），可将网格隐藏。

如果需要设置网格的颜色、样式、间隔等属性，可选择"编辑 > 首选项 > 参考线和网格"命令，在弹出的"首选项"对话框中进行设置，如图 1-96 所示。其中"网格"选项区各选项的功能如下。

图 1-95

图 1-96

- "颜色"下拉列表：用于设置网格的颜色。
- "样式"下拉列表：用于设置网格的样式，包括直线和点。
- "网格线间隔"文本框：用于设置网格线的间距。
- "次分隔线"文本框：用于细分网格线的数量。
- "网格置后"复选框：用于设置网格线显示在图形的上方或下方。
- "显示像素网格"复选框：在"像素预览"模式下，当图形放大到 600% 以上时，选择该复选框可查看像素网格。

5. 撤销和恢复对对象的操作

下面介绍如何撤销和恢复对对象的操作。

◎ 撤销对对象的操作

选择"编辑 > 还原"命令（或按 Ctrl+Z 组合键），可以还原上一次的操作。连续按组合键，可以连续还原原来操作的命令。

◎ 恢复对对象的操作

选择"编辑 > 重做"命令（或按 Shift+Ctrl+Z 组合键），可以恢复上一次的操作。连续按两次组合键，即恢复两步操作。

02

第 2 章
实物绘制

效果逼真并经过艺术化处理的实物图案可以应用到书籍封面设计、画册设计、海报设计、Banner 设计、包装设计和网页设计等多个设计领域。本章主要讲解在 Illustrator CC 2019 中实物的绘制方法和处理技巧。

课堂学习目标

- 熟悉实物的绘制思路和过程
- 掌握绘制实物的相关工具的使用方法
- 掌握实物的绘制方法和技巧

2.1　绘制校车插画

2.1.1　【案例分析】

本案例是为卡通图书设计绘制一幅校车插画。设计时要通过简洁的绘画语言表现出校车的特点，风格轻松可爱，能够引起儿童的观看兴趣。

2.1.2　【设计理念】

插画以明亮的橙黄色作为主色，符合真实情况，并且易于吸引人们的视线；生动形象的造型及恰到好处的装点很好地表现了校车的特点和插画的趣味性。最终效果参看云盘中的"Ch02 > 效果 > 绘制校车插画 .ai"，如图 2-1 所示。

绘制校车
插画

图 2-1

2.1.3　【操作步骤】

1．绘制车身

（1）打开 Illustrator CC 2019，按 Ctrl+N 组合键，弹出"新建文档"对话框。设置文档的宽度为 297mm，高度为 210mm，取向为横向，颜色模式为 CMYK，单击"创建"按钮，新建一个文档。

（2）选择圆角矩形工具 ▣，在页面中单击鼠标左键，弹出"圆角矩形"对话框，选项的设置如图 2-2 所示。单击"确定"按钮，出现一个圆角矩形。选择选择工具 ▶，拖曳圆角矩形到适当的位置，设置图形填充色为浅黄色（其 C、M、Y、K 值分别为 0、46、100、0），填充图形，并设置描边色为无，效果如图 2-3 所示。

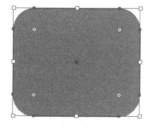

图 2-2　　　　　　　　　　　　图 2-3

（3）选择圆角矩形工具 ▣，在页面中单击鼠标左键，弹出"圆角矩形"对话框，选项的设置如图 2-4 所示，单击"确定"按钮，出现一个圆角矩形。选择选择工具 ▶，拖曳圆角矩形到适当的位置，设置图形填充色为橘黄色（其 C、M、Y、K 值分别为 0、58、100、0），填充图形，并设置描边色为无，效果如图 2-5 所示。

（4）选择圆角矩形工具 ，在适当的位置拖曳鼠标再绘制一个圆角矩形，设置图形填充色为淡蓝色（其 C、M、Y、K 值分别为 41、3、16、0），填充图形，并设置描边色为无，效果如图 2-6 所示。

图 2-4

图 2-5

图 2-6

（5）选择选择工具 ▶，在按住 Alt+Shift 组合键的同时，水平向右拖曳图形到适当的位置，复制图形，效果如图 2-7 所示。

（6）选择圆角矩形工具 ▣，在页面中单击鼠标左键，弹出"圆角矩形"对话框，选项的设置如图 2-8 所示。单击"确定"按钮，出现一个圆角矩形。选择选择工具 ▶，拖曳圆角矩形到适当的位置，设置图形填充色为深黄色（其 C、M、Y、K 值分别为 0、30、100、0），填充图形，并设置描边色为无，效果如图 2-9 所示。

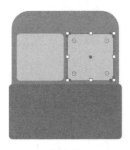

图 2-7

图 2-8

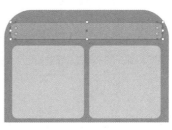

图 2-9

（7）选择星形工具 ☆，在页面外单击鼠标左键，弹出"星形"对话框，选项的设置如图 2-10 所示。单击"确定"按钮，出现一个五角星。选择选择工具 ▶，拖曳五角星到适当的位置，设置图形填充色为橘黄色（其 C、M、Y、K 值分别为 0、58、100、0），填充图形，并设置描边色为无，效果如图 2-11 所示。

（8）选择矩形工具 ▣，在适当的位置拖曳鼠标绘制一个矩形，填充图形为黑色，并设置描边色为无，效果如图 2-12 所示。

图 2-10

图 2-11

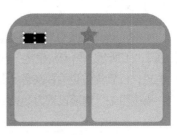

图 2-12

（9）选择椭圆工具 ，在按住 Shift 键的同时，在适当的位置绘制一个圆形，设置图形填充色为大红色（其 C、M、Y、K 值分别为 0、100、100、0），填充图形，并设置描边色为无，效果如图 2-13 所示。

（10）选择选择工具 ，在按住 Alt+Shift 组合键的同时，水平向右拖曳圆形到适当的位置，复制图形；拖曳右上角的控制手柄，等比例放大图形，效果如图 2-14 所示。

（11）保持图形选取状态。设置图形填充色为浅黄色（其 C、M、Y、K 值分别为 0、50、100、0），填充图形，效果如图 2-15 所示。在按住 Shift 键的同时，依次单击矩形和圆形将其同时选取，如图 2-16 所示。

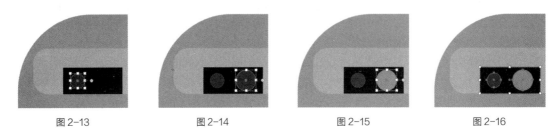

图 2-13   图 2-14   图 2-15   图 2-16

（12）选择镜像工具 ，在按住 Alt 键的同时，在五角星形中心单击，弹出"镜像"对话框，选项的设置如图 2-17 所示。单击"复制"按钮，效果如图 2-18 所示。

图 2-17

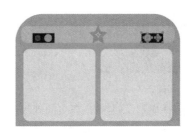

图 2-18

（13）选择选择工具 ，选取红色圆形，如图 2-19 所示。在按住 Alt 键的同时，分别向右上方拖曳圆形到适当的位置，复制图形，效果如图 2-20 所示。

图 2-19   图 2-20

（14）选择圆角矩形工具 ，在页面中单击鼠标左键，弹出"圆角矩形"对话框，选项的设置如图 2-21 所示。单击"确定"按钮，出现一个圆角矩形。选择选择工具 ，拖曳圆角矩形到适当的位置，设置描边色为深灰色（其 C、M、Y、K 值分别为 0、0、0、70），填充描边，在属性栏中将"描边粗细"选项设置为 3pt。按 Enter 键，效果如图 2-22 所示。

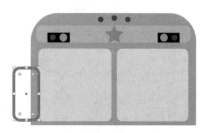

图 2-21　　　　　　　　　　　　　　　图 2-22

（15）按 Ctrl+Shift+ [组合键，将该圆角矩形置于底层，效果如图 2-23 所示。选择椭圆工具，在适当的位置绘制一个椭圆形，设置图形填充色为灰色（其 C、M、Y、K 值分别为 0、0、0、40），填充图形，并设置描边色为无，效果如图 2-24 所示。按 Ctrl+Shift+ [组合键，将其置于底层，效果如图 2-25 所示。

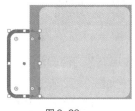
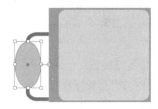
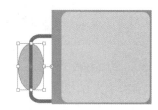

图 2-23　　　　　　　　　　图 2-24　　　　　　　　　　图 2-25

（16）选择选择工具，在按住 Shift 键的同时，单击圆角矩形将其同时选取。选择镜像工具，在按住 Alt 键的同时，在适当的位置单击，弹出"镜像"对话框，选项的设置如图 2-26 所示。单击"复制"按钮，效果如图 2-27 所示。

图 2-26　　　　　　　　　　　　　　　图 2-27

2. 绘制引擎盖、车轮

（1）选择矩形工具，在适当的位置拖曳鼠标绘制一个矩形，设置填充色为深黄色（其 C、M、Y、K 值分别为 0、30、100、0），填充图形，并设置描边色为无，效果如图 2-28 所示。

（2）选择钢笔工具，在矩形左边中间位置单击鼠标左键，添加一个锚点，如图 2-29 所示。选择直接选择工具，向左上方拖曳添加的锚点到适当的位置，效果如图 2-30 所示。使用相同的方法添加其他锚点并制作出图 2-31 所示的效果。

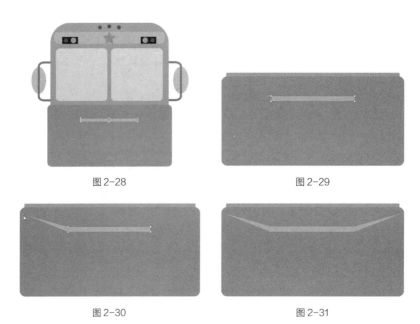

图 2-28　　　　　　　　　　　　　　　图 2-29

图 2-30　　　　　　　　　　　　　　　图 2-31

（3）选择矩形工具 ▣，在适当的位置拖曳鼠标绘制一个矩形，设置填充色为深黄色（其 C、M、Y、K 值分别为 0、30、100、0），填充图形，并设置描边色为无，效果如图 2-32 所示。

（4）选择圆角矩形工具 ▣，在适当的位置拖曳鼠标绘制一个圆角矩形，填充图形为黑色，并设置描边色为无，效果如图 2-33 所示。

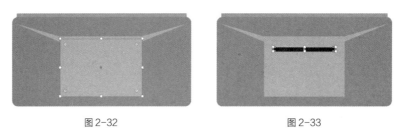

图 2-32　　　　　　　　　　　　　　　图 2-33

（5）选择选择工具 ▶，在按住 Alt+Shift 组合键的同时，垂直向下拖曳图形到适当的位置，复制图形，效果如图 2-34 所示。连续按 Ctrl+D 组合键，按需要再复制出多个图形，效果如图 2-35 所示。

图 2-34　　　　　　　　　　　　　　　图 2-35

（6）选择圆角矩形工具 ▣，在页面中单击鼠标左键，弹出"圆角矩形"对话框，选项的设置如图 2-36 所示。单击"确定"按钮，出现一个圆角矩形。选择选择工具 ▶，拖曳圆角矩形到适当的位置，填充图形为白色，并设置描边色为无，效果如图 2-37 所示。

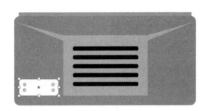

图 2-36 　　　　　　　　　　　　　　　　　　　图 2-37

（7）选择圆角矩形工具 ▣ ，在适当的位置拖曳鼠标再绘制一个圆角矩形，设置图形填充色为淡红色（其 C、M、Y、K 值分别为 0、80、95、0），填充图形，并设置描边色为无，效果如图 2-38 所示。

（8）选择选择工具 ▶ ，在按住 Alt+Shift 组合键的同时，水平向右拖曳图形到适当的位置，复制图形，设置图形填充颜色为淡黄色（其 C、M、Y、K 值分别为 0、35、85、0），填充图形，效果如图 2-39 所示。

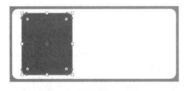

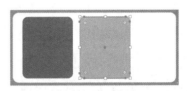

图 2-38 　　　　　　　　　　　　　　　　　　　图 2-39

（9）选择选择工具 ▶ ，向右拖曳图形右边中间的控制手柄到适当的位置，调整图形的大小，效果如图 2-40 所示。选择椭圆工具 ◯ ，在按住 Shift 键的同时，在适当的位置绘制一个圆形，设置图形填充色为橘黄色（其 C、M、Y、K 值分别为 0、58、100、0），填充图形，并设置描边色为无，效果如图 2-41 所示。

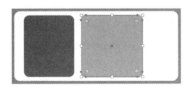

图 2-40 　　　　　　　　　　　　　　　　　　　图 2-41

（10）选择选择工具 ▶ ，在按住 Alt 键的同时，分别向右拖曳圆形到适当的位置，复制图形，效果如图 2-42 所示。选取需要的圆形，设置图形填充颜色为大红色（其 C、M、Y、K 值分别为 0、100、100、0），填充图形，效果如图 2-43 所示。

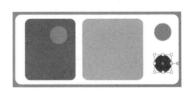

图 2-42 　　　　　　　　　　　　　　　　　　　图 2-43

（11）选择选择工具 ▶ ，在按住 Shift 键的同时，依次单击圆角矩形和圆形将其同时选取。选

择镜像工具 ，在按住 Alt 键的同时，在适当的位置单击，弹出"镜像"对话框，选项的设置如图 2-44 所示。单击"复制"按钮，效果如图 2-45 所示。

图 2-44　　　　　　　　　　　　图 2-45

（12）选择椭圆工具 ，在按住 Shift 键的同时，在适当的位置绘制一个圆形，填充图形为黑色，并设置描边色为无，效果如图 2-46 所示。选择选择工具 ，在按住 Alt+Shift 组合键的同时，水平向右拖曳图形到适当的位置，复制图形，效果如图 2-47 所示。

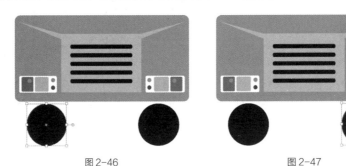

图 2-46　　　　　　　　　　　　图 2-47

（13）选择圆角矩形工具 ，在页面中单击鼠标左键，弹出"圆角矩形"对话框，选项的设置如图 2-48 所示。单击"确定"按钮，出现一个圆角矩形。选择选择工具 ，拖曳圆角矩形到适当的位置，设置图形填充色为深紫色（其 C、M、Y、K 值分别为 71、69、52、64），填充图形，并设置描边色为无，效果如图 2-49 所示。

图 2-48　　　　　　　　　　　　图 2-49

（14）选择矩形工具 ，在适当的位置拖曳鼠标绘制一个矩形，填充图形为白色，并设置描边色为无，效果如图 2-50 所示。校车插画绘制完成，效果如图 2-51 所示。

图 2-50

图 2-51

2.1.4　【相关工具】

1. 绘制矩形和圆角矩形

◎ 拖曳鼠标绘制矩形

选择矩形工具，在页面中需要的位置单击并按住鼠标左键不放，拖曳鼠标到需要的位置，释放鼠标左键，绘制出一个矩形，效果如图 2-52 所示。

选择矩形工具，按住 Shift 键，在页面中需要的位置单击并按住鼠标左键不放，拖曳鼠标到需要的位置，释放鼠标左键，绘制出一个正方形，效果如图 2-53 所示。

选择矩形工具，按住 ~ 键，在页面中需要的位置单击并按住鼠标左键不放，拖曳鼠标到需要的位置，释放鼠标左键，绘制出多个矩形，效果如图 2-54 所示。

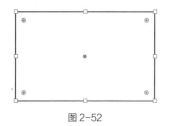

图 2-52

图 2-53

图 2-54

提示

选择矩形工具，按住 Alt 键，在页面中需要的位置单击并按住鼠标左键不放，拖曳鼠标到需要的位置，释放鼠标左键，可以绘制一个以鼠标单击点为中心的矩形。

选择矩形工具，按住 Alt+Shift 组合键，在页面中需要的位置单击并按住鼠标左键不放，拖曳鼠标到需要的位置，释放鼠标左键，可以绘制一个以鼠标单击点为中心的正方形。

选择矩形工具，在页面中需要的位置单击并按住鼠标左键不放，拖曳鼠标到需要的位置，再按住 Space 键，可以暂停绘制工作而在页面上任意移动未绘制完成的矩形，释放 Space 键后可继续绘制矩形。

上述方法在圆角矩形工具、椭圆工具、多边形工具、星形工具中同样适用。

◎ 精确绘制矩形

选择矩形工具，在页面中需要的位置单击，弹出"矩形"对话框。在该对话框中，在"宽度"文本框中可以设置矩形的宽度，在"高度"文本框中可以设置矩形的高度，如图 2-55 所示。设置完成后，单击"确定"按钮，得到图 2-56 所示的矩形。

图 2-55

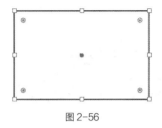

图 2-56

◎ 拖曳鼠标绘制圆角矩形

选择圆角矩形工具 □，在页面中需要的位置单击并按住鼠标左键不放，拖曳鼠标到需要的位置，释放鼠标左键，绘制出一个圆角矩形，效果如图 2-57 所示。

选择圆角矩形工具 □，按住 Shift 键，在页面中需要的位置单击并按住鼠标左键不放，拖曳鼠标到需要的位置，释放鼠标左键，可以绘制一个宽度和高度相等的圆角矩形，效果如图 2-58 所示。

选择圆角矩形工具 □，按住 ~ 键，在页面中需要的位置单击并按住鼠标左键不放，拖曳鼠标到需要的位置，释放鼠标左键，绘制出多个圆角矩形，效果如图 2-59 所示。

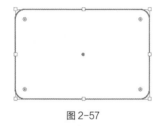

图 2-57

图 2-58

图 2-59

◎ 精确绘制圆角矩形

选择圆角矩形工具 □，在页面中需要的位置单击，弹出"圆角矩形"对话框，如图 2-60 所示。在对话框中，在"宽度"文本框中可以设置圆角矩形的宽度，在"高度"文本框中可以设置圆角矩形的高度，在"圆角半径"文本框中可以设置圆角矩形中圆角半径的长度，如图 2-60 所示。设置完成后，单击"确定"按钮，得到图 2-61 所示的圆角矩形。

图 2-60

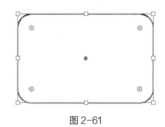

图 2-61

◎ 使用"变换"控制面板制作实时转角

选择选择工具 ▶，选取绘制好的矩形。选择"窗口 > 变换"命令（或按 Shift+F8 组合键），弹出"变换"控制面板，如图 2-62 所示。

在"矩形属性"选项组中，"边角类型"按钮 □ 用于设置边角的转角类型，包括"圆角""反向圆角"和"倒角"；在"圆角半径"数值框 ○ ▥▥ 中可以输入圆角半径值；单击 ⸔ 按钮可以链接圆角半径，同时设置圆角半径值；单击 🔗 按钮可以取消圆角半径的链接，分别设置圆角半径值。

单击 🔗 按钮，其他选项的设置如图 2-63 所示，按 Enter 键，得到图 2-64 所示的效果。单击 🔗 按钮，其他选项的设置如图 2-65 所示，按 Enter 键，得到图 2-66 所示的效果。

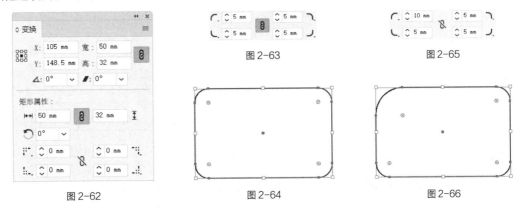

图 2-62   图 2-63   图 2-65

图 2-64   图 2-66

◎ 通过直接拖曳制作实时转角

选择选择工具 ▶，选取绘制好的矩形。上、下、左、右 4 个边角构件处于可编辑状态，如图 2-67 所示，向内拖曳其中任意一个边角构件，如图 2-68 所示，可对矩形角进行变形，松开鼠标，效果如图 2-69 所示。

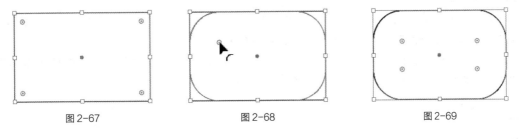

图 2-67   图 2-68   图 2-69

 提示   选择"视图 > 隐藏边角构件"命令，可以将边角构件隐藏；选择"视图 > 显示边角构件"命令，显示出边角构件。

当鼠标指针移动到任意一个实心边角构件上时，指针变为 ▶ 图标，如图 2-70 所示；单击鼠标左键将实心边角构件变为空心边角构件，指针变为 ▶ 图标，如图 2-71 所示。拖曳边角构件可使选取的边角单独进行变形，效果如图 2-72 所示。

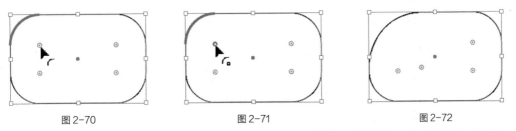

图 2-70   图 2-71   图 2-72

在按住 Alt 键的同时，单击任意一个边角构件，或在拖曳边角构件的同时，按 ↑ 键或 ↓ 键，可在 3 种边角中交替转换，如图 2-73 所示。

在按住 Ctrl 键的同时，双击其中一个边角构件，弹出"边角"对话框，如图 2-74 所示，可以设置边角样式、边角半径和圆角类型。

图 2-73　　　　　　　　　　　　　　　图 2-74

将边角构件拖曳至最大值时，圆角预览呈红色显示，为不可编辑状态。

2．绘制椭圆形和圆形

◎ 拖曳鼠标绘制椭圆形

选择椭圆工具 ◯ ，在页面中需要的位置单击并按住鼠标左键不放，拖曳鼠标到需要的位置，释放鼠标左键，绘制出一个椭圆形，如图 2-75 所示。

选择椭圆工具 ◯ ，按住 Shift 键，在页面中需要的位置单击并按住鼠标左键不放，拖曳鼠标到需要的位置，释放鼠标左键，绘制出一个圆形，效果如图 2-76 所示。

选择椭圆工具 ◯ ，按住 ~ 键，在页面中需要的位置单击并按住鼠标左键不放，拖曳鼠标到需要的位置，释放鼠标左键，可以绘制多个椭圆形，效果如图 2-77 所示。

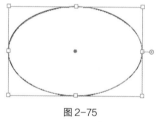

图 2-75　　　　　　　　　　图 2-76　　　　　　　　　　图 2-77

◎ 精确绘制椭圆形

选择椭圆工具 ◯ ，在页面中需要的位置单击，弹出"椭圆"对话框，如图 2-78 所示。在对话框中，"宽度"文本框用于设置椭圆形的宽度，"高度"文本框用于设置椭圆形的高度，如图 2-78 所示。设置完成后，单击"确定"按钮，得到图 2-79 所示的椭圆形。

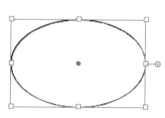

图 2-78　　　　　　　　　　　　　　　图 2-79

◎ 使用"变换"控制面板制作饼图

选择选择工具 ▶，选取绘制好的椭圆形。选择"窗口 > 变换"命令（或按 Shift+F8 组合键），弹出"变换"控制面板，如图 2-80 所示。在"椭圆属性"选项组中，"饼图起点角度"下拉列表 ❣ 0° ∨ 用于设置饼图的起点角度；"饼图终点角度"下拉列表 0° ∨ ❣ 用于设置饼图的终点角度；单击 🔒 按钮可以链接饼图的起点角度和终点角度，进行同时设置；单击 🔓 按钮，可以取消链接饼图的起点角度和终点角度，进行分别设置；单击"反转饼图"按钮 ⇄，可以互换饼图起点角度和饼图终点角度。

将"饼图起点角度"下拉列表 ❣ 0° ∨ 设置为 45°，效果如图 2-81 所示；设置为 180°，效果如图 2-82 所示。

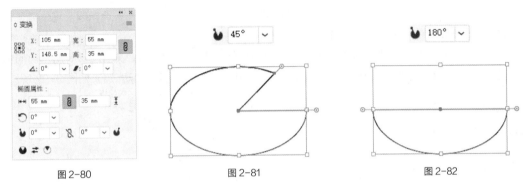

图 2-80   图 2-81   图 2-82

将"饼图终点角度"下拉列表 0° ∨ ❣ 设置为 45°，效果如图 2-83 所示；设置为 180°，效果如图 2-84 所示。

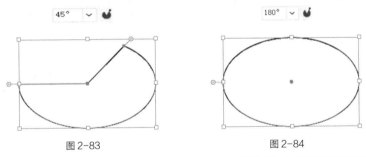

图 2-83   图 2-84

将"饼图起点角度"下拉列表 ❣ 0° ∨ 设置为 60°，"饼图终点角度"下拉列表 0° ∨ ❣ 设置为 30°，效果如图 2-85 所示。单击"反转饼图"按钮 ⇄，将饼图的起点角度和终点角度互换，效果如图 2-86 所示。

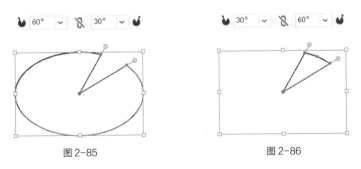

图 2-85   图 2-86

◎ 通过直接拖曳制作饼图

选择选择工具 ▶，选取绘制好的椭圆形。将鼠标指针放置在饼图构件上，指针变为 ▶ 图标，如图 2-87 所示。向上拖曳饼图构件，可以改变饼图起点角度，如图 2-88 所示；向下拖曳饼图构件，可以改变饼图终点角度，如图 2-89 所示。

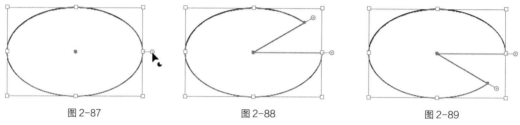

图 2-87　　　　　　　　　　图 2-88　　　　　　　　　　图 2-89

◎ 使用直接选择工具调整饼图转角

选择直接选择工具 ▷，选取绘制好的饼图，边角构件处于可编辑状态，如图 2-90 所示。向内拖曳其中任意一个边角构件，如图 2-91 所示，对饼图角进行变形，松开鼠标，效果如图 2-92 所示。

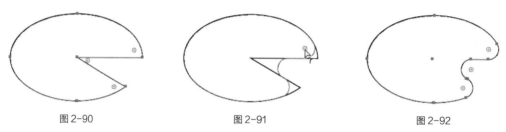

图 2-90　　　　　　　　　　图 2-91　　　　　　　　　　图 2-92

当鼠标指针移动到任意一个实心边角构件上时，指针变为 ▷ 图标，如图 2-93 所示。单击鼠标左键将实心边角构件变为空心边角构件，指针变为 ▷ 图标，如图 2-94 所示。拖曳使选取的饼图角单独进行变形，松开鼠标后，效果如图 2-95 所示。

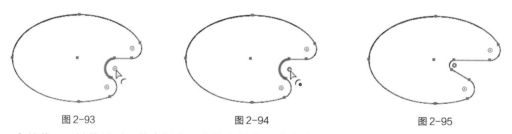

图 2-93　　　　　　　　　　图 2-94　　　　　　　　　　图 2-95

在按住 Alt 键的同时，单击任意一个边角构件，或在拖曳边角构件的同时，按 ↑ 键或 ↓ 键，可在 3 种边角中交替转换，如图 2-96 所示。

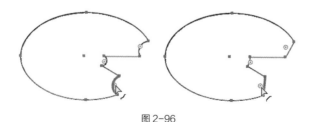

图 2-96

3．绘制多边形

◎ 拖曳鼠标绘制多边形

选择多边形工具，在页面中需要的位置单击并按住鼠标左键不放，拖曳鼠标到需要的位置，释放鼠标左键，绘制出一个多边形，如图 2-97 所示。

选择多边形工具，按住 Shift 键，在页面中需要的位置单击并按住鼠标左键不放，拖曳鼠标到需要的位置，释放鼠标左键，绘制出一个正多边形，效果如图 2-98 所示。

选择多边形工具，按住 ~ 键，在页面中需要的位置单击并按住鼠标左键不放，拖曳鼠标到需要的位置，释放鼠标左键，绘制出多个多边形，效果如图 2-99 所示。

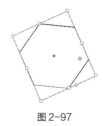

图 2-97   图 2-98   图 2-99

◎ 精确绘制多边形

选择多边形工具，在页面中需要的位置单击，弹出"多边形"对话框，如图 2-100 所示。在对话框中，在"半径"文本框可以设置多边形的半径，半径指的是从多边形中心点到多边形顶点的距离，而中心点一般为多边形的重心。"边数"数值框用于设置多边形的边数，如图 2-100 所示。设置完成后，单击"确定"按钮，得到图 2-101 所示的多边形。

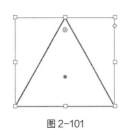

图 2-100   图 2-101

◎ 通过直接拖曳增加或减少多边形边数

选择选择工具，选取绘制好的多边形，将鼠标指针放置在多边形构件上，指针变为图标，如图 2-102 所示。向上拖曳多边形构件，可以减少多边形的边数，如图 2-103 所示；向下拖曳多边形构件，可以增加多边形的边数，如图 2-104 所示。

图 2-102 　　　　　　　　图 2-103 　　　　　　　　图 2-104

◎ 使用"变换"控制面板制作实时转角

选择选择工具▶，选取绘制好的正六边形，选择"窗口 > 变换"命令（或按 Shift+F8 组合键），弹出"变换"控制面板，如图 2-105 所示。在"多边形属性"选项组中，"多边形边数计算"调节杆⊕ ─○─ 用于设置多边形的边数，"边角类型"按钮用于选取任意角的转角类型，"圆角半径"数值框用于设置多边形各圆角的半径，"多边形半径"按钮用于设置多边形的半径，"多边形边长度"按钮用于设置多边形每一条边的长度。

"多边形边数计算"选项的取值范围为 3~20，当数值为 3 时，效果如图 2-106 所示；当数值为 20 时，效果如图 2-107 所示。

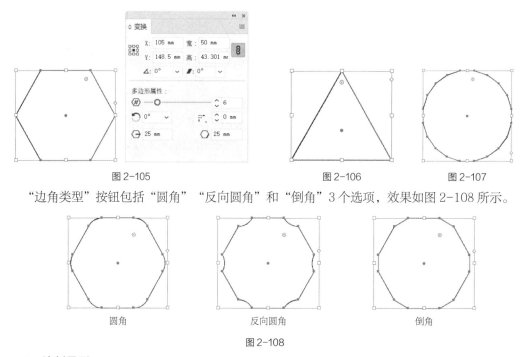

图 2-105 　　　　　　　　图 2-106 　　　　　　　　图 2-107

"边角类型"按钮包括"圆角""反向圆角"和"倒角"3 个选项，效果如图 2-108 所示。

　　　　　　圆角 　　　　　　　　反向圆角 　　　　　　　　倒角

图 2-108

4．绘制星形

◎ 拖曳鼠标绘制星形

选择星形工具☆，在页面中需要的位置单击并按住鼠标左键不放，拖曳鼠标到需要的位置，释放鼠标左键，可绘制出一个星形，效果如图 2-109 所示。

选择星形工具☆，按住 Shift 键，在页面中需要的位置单击并按住鼠标左键不放，拖曳鼠标到需要的位置，释放鼠标左键，可绘制出一个正星形，效果如图 2-110 所示。

选择星形工具☆，按住 ~ 键，在页面中需要的位置单击并按住鼠标左键不放，拖曳鼠标到需要的位置，释放鼠标左键，可绘制出多个星形，效果如图 2-111 所示。

图 2-109

图 2-110

图 2-111

◎ 精确绘制星形

选择星形工具☆，在页面中需要的位置单击，弹出"星形"对话框，如图 2-112 所示。在对话框中，"半径 1"文本框用于设置从星形中心点到内部角顶点（见图 2-113A 点）的距离，"半径 2"文本框用于设置从星形中心点到外部角顶点（见图 2-113B 点）的距离，"角点数"数值框用于设置星形的边角数量。设置完成后，单击"确定"按钮，得到图 2-113 所示的星形。

图 2-112

图 2-113

提示　　使用直接选择工具调整多边形和星形的实时转角与椭圆工具的使用方法相同，这里不再赘述。

2.1.5 【实战演练】绘制动物挂牌

使用圆角矩形工具、椭圆工具绘制挂环，使用椭圆工具、旋转工具、"路径查找器"命令、"缩放"命令和钢笔工具绘制动物头像。最终效果参看云盘中的"Ch02 > 效果 > 绘制动物挂牌.ai"，如图 2-114 所示。

图 2-114

绘制动物挂牌

2.2 绘制可口冰淇淋图标

2.2.1 【案例分析】

冰淇淋口感顺滑、清凉爽口，是许多人喜爱的冷食。本案例是为某冰淇淋品牌绘制一个卡通图标，要求展现出冰淇淋清凉可口的特点。

2.2.2 【设计理念】

图标使用粉红色的色调营造出浪漫、甜美的氛围；冰淇淋正在融化的设计使画面更生动鲜活，能激发人们的食欲。最终效果参看云盘中的"Ch02 > 效果 > 绘制可口冰淇淋图标 .ai"，如图 2-115 所示。

图 2-115

绘制可口冰
淇淋图标1

绘制可口冰
淇淋图标2

2.2.3 【操作步骤】

1. 绘制冰淇淋球

（1）打开 Illustrator CC 2019，按 Ctrl+N 组合键，弹出"新建文档"对话框，设置文档的宽度为 800 像素，高度为 600 像素，取向为横向，颜色模式为 RGB，单击"创建"按钮，新建一个文档。

（2）选择椭圆工具 ◯，在按住 Shift 键的同时，在适当的位置绘制一个圆形，如图 2-116 所示，并在属性栏中将"描边粗细"选项设置为 13 pt，按 Enter 键确定操作，效果如图 2-117 所示。

（3）保持图形选取状态，设置描边色为紫色（其 R、G、B 的值分别为 83、35、85），填充描边，效果如图 2-118 所示。设置填充色为淡粉色（其 R、G、B 的值分别为 235、147、187），填充图形，效果如图 2-119 所示。

图 2-116

图 2-117

图 2-118

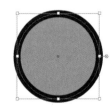

图 2-119

（4）选择椭圆工具 ◯，在按住 Shift 键的同时，在适当的位置绘制一个圆形，效果如图 2-120 所示。选择选择工具 ▶，在按住 Alt 键的同时，向右拖曳圆形到适当的位置，复制圆形，效果如图 2-121 所示。在按住 Shift 键的同时，单击左侧圆形将其同时选取，如图 2-122 所示。

（5）选择"窗口 > 路径查找器"命令，弹出"路径查找器"控制面板，单击"减去顶层"按钮 ◻，如图 2-123 所示，生成新的对象，效果如图 2-124 所示。设置填充色为粉红色（其 R、G、B 的值分别为 220、120、170），填充图形，并设置描边色为无，效果如图 2-125 所示。

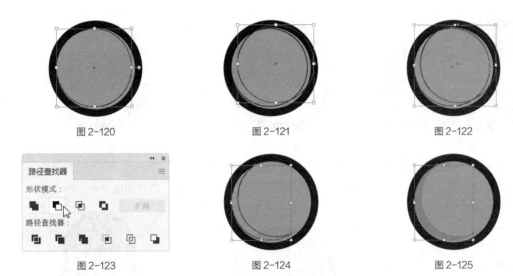

图 2-120   图 2-121   图 2-122

图 2-123   图 2-124   图 2-125

（6）选择椭圆工具 ◯，在按住 Shift 键的同时，在适当的位置绘制一个圆形，设置填充色为粉红色（其 R、G、B 的值分别为 220、120、170），填充图形，并设置描边色为无，效果如图 2-126 所示。

（7）选择选择工具 ▶，在按住 Alt 键的同时，向右拖曳圆形到适当的位置，复制圆形，效果如图 2-127 所示。用相同的方法再复制两个圆形，效果如图 2-128 所示。

图 2-126   图 2-127   图 2-128

（8）选择椭圆工具 ◯，在按住 Shift 键的同时，在适当的位置绘制一个圆形，填充图形为白色，并设置描边色为无，效果如图 2-129 所示。

（9）选择"窗口 > 透明度"命令，弹出"透明度"控制面板，选项的设置如图 2-130 所示，效果如图 2-131 所示。

图 2-129   图 2-130   图 2-131

（10）选择选择工具 ▶，在按住 Alt 键的同时，向右下方拖曳圆形到适当的位置，复制圆形，效果如图 2-132 所示。

（11）选择钢笔工具 ✐，在适当的位置分别绘制不规则图形，如图 2-133 所示。选择选择工具 ▶，在按住 Shift 键的同时，将所绘制的图形同时选取，填充图形为白色，并设置描边色为无，效果如图 2-134 所示。

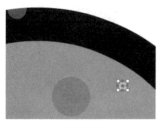
图 2-132

图 2-133

图 2-134

（12）在"透明度"控制面板中，将混合模式选项设为"柔光"，其他选项的设置如图 2-135 所示，效果如图 2-136 所示。用相同的方法再制作一个红色冰淇淋球，效果如图 2-137 所示。

图 2-135

图 2-136

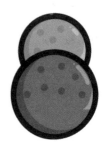
图 2-137

2．绘制冰淇淋筒

（1）选择矩形工具 ▢，在适当的位置绘制一个矩形，如图 2-138 所示。选择直接选择工具 ▷，选取左下角的锚点，并向右拖曳锚点到适当的位置，效果如图 2-139 所示。向内拖曳左下角的边角构件，如图 2-140 所示。松开鼠标后的效果如图 2-141 所示。

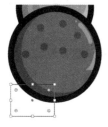
图 2-138

图 2-139

图 2-140

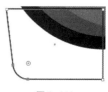
图 2-141

（2）用相同的方法再绘制一个图形，效果如图 2-142 所示。选择选择工具 ▶，在按住 Shift 键的同时，将所绘制的图形同时选取，如图 2-143 所示。在"路径查找器"控制面板中，单击"联集"按钮 ▣，如图 2-144 所示，生成新的对象，效果如图 2-145 所示。

图 2-142

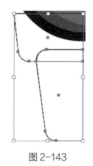
图 2-143

图 2-144

图 2-145

（3）双击镜像工具 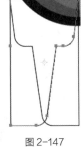，弹出"镜像"对话框，选项的设置如图 2-146 所示。单击"复制"按钮，镜像并复制图形，效果如图 2-147 所示。选择选择工具 ▶，在按住 Shift 键的同时，水平向右拖曳复制的图形到适当的位置，效果如图 2-148 所示。

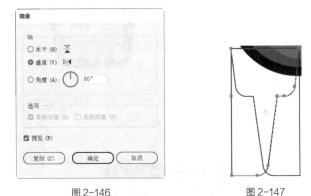

图 2-146　　　　　　　　图 2-147　　　　　　　　图 2-148

（4）选择"选择"工具 ▶，在按住 Shift 键的同时，单击原图形将其同时选取，如图 2-149 所示。在"路径查找器"控制面板中，单击"联集"按钮 ■，生成新的对象，效果如图 2-150 所示。

（5）保持图形选取状态。在属性栏中将"描边粗细"选项设置为 13 pt，按 Enter 键确定操作，效果如图 2-151 所示。设置描边色为紫色（其 R、G、B 的值分别为 83、35、85），填充描边。设置填充色为橘黄色（其 R、G、B 的值分别为 236、175、70），填充图形，效果如图 2-152 所示。

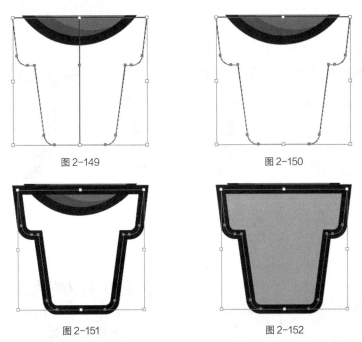

图 2-149　　　　　　　　　　　　图 2-150

图 2-151　　　　　　　　　　　　图 2-152

（6）选择"直线段"工具 ✐，在按住 Shift 键的同时，在适当的位置绘制一条直线，设置描边色为紫色（其 R、G、B 的值分别为 83、35、85），填充描边，效果如图 2-153 所示。

（7）选择"窗口 > 描边"命令，弹出"描边"控制面板，单击"端点"选项中的"圆头端点"按钮 ◖，其他选项的设置如图 2-154 所示，效果如图 2-155 所示。

图 2-153　　　　　　　　图 2-154　　　　　　　　图 2-155

（8）选择矩形工具▢，在适当的位置绘制一个矩形，如图 2-156 所示。选择直接选择工具▷，选取右下角的锚点，并向左拖曳锚点到适当的位置，效果如图 2-157 所示。

图 2-156　　　　　　　　　　　　图 2-157

（9）选取左下角的锚点，并向右拖曳锚点到适当的位置，效果如图 2-158 所示。向内拖曳左下角的边角构件，松开鼠标后效果如图 2-159 所示。用相同的方法调整左上角锚点的边角构件，效果如图 2-160 所示。

图 2-158　　　　　　　　图 2-159　　　　　　　　图 2-160

（10）选择选择工具▶，选取图形，设置填充色为浅黄色（其 R、G、B 的值分别为 245、197、92），填充图形，并设置描边色为无，效果如图 2-161 所示。用相同的方法绘制另一个图形，并填充相应的颜色，效果如图 2-162 所示。

图 2-161　　　　　　　　图 2-162

（11）选择矩形工具 ▣，在适当的位置绘制一个矩形，如图 2-163 所示，并在属性栏中将"描边粗细"选项设置为 13 pt，按 Enter 键确定操作，效果如图 2-164 所示。

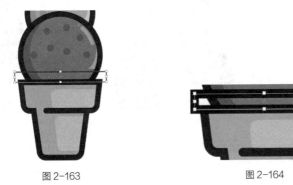

图 2-163   图 2-164

（12）选择"窗口 > 变换"命令，弹出"变换"控制面板，在"矩形属性："选项组中，将"圆角半径"选项均设为 11 px，如图 2-165 所示，按 Enter 键确定操作，效果如图 2-166 所示。设置描边色为紫色（其 R、G、B 的值分别为 83、35、85），填充描边，效果如图 2-167 所示。

图 2-165   图 2-166   图 2-167

（13）选择直线段工具 ╱，在按住 Shift 键的同时，在适当的位置绘制一条直线，设置描边色为浅黄色（其 R、G、B 的值分别为 245、197、92），填充描边，效果如图 2-168 所示。

（14）在"描边"控制面板中，单击"端点"选项中的"圆头端点"按钮 ▣，其他选项的设置如图 2-169 所示，效果如图 2-170 所示。

图 2-168   图 2-169   图 2-170

（15）按 Ctrl+O 组合键，打开云盘中的"Ch02 > 素材 > 绘制可口冰淇淋图标 > 01"文件，按 Ctrl+A 组合键，全选图形，按 Ctrl+C 组合键，复制图形。选择正在编辑的页面，按 Ctrl+V 组合键，将其粘贴到页面中，选择选择工具 ▶，拖曳复制的图形到适当的位置，效果如图 2-171 所示。

（16）选取右上角的蓝莓，连续按 Ctrl+[组合键，将图形向后移至适当的位置，效果如图 2-172 所示。用相同的方法调整其他图形顺序，效果如图 2-173 所示。可口冰淇淋图标绘制完成。

图 2-171   图 2-172   图 2-173

2.2.4 【相关工具】

1．使用铅笔工具

使用铅笔工具 ✐ 可以随意绘制出自由的曲线路径，在绘制过程中 Illustrator CC 2019 会自动依据鼠标指针的轨迹来设定节点并生成路径。使用铅笔工具既可以绘制闭合路径，又可以绘制开放路径，还可以将已经存在的曲线的节点作为起点，延伸绘制出新的曲线，从而达到修改曲线的目的。

选择铅笔工具 ✐，在页面中需要的位置单击并按住鼠标左键不放，拖曳鼠标到需要的位置，可以绘制一条路径，效果如图 2-174 所示。释放鼠标左键，绘制出的效果如图 2-175 所示。

选择铅笔工具 ✐，在页面中需要的位置单击并按住鼠标左键不放，拖曳鼠标到需要的位置，按住 Alt 键，效果如图 2-176 所示，释放鼠标左键，可以绘制一条闭合的曲线，效果如图 2-177 所示。

图 2-174   图 2-175   图 2-176   图 2-177

绘制一个闭合的图形并选中这个图形，再选择铅笔工具 ✐，在闭合图形上的两个节点之间拖曳，如图 2-178 所示，可以修改图形的形状，释放鼠标左键，得到的图形效果如图 2-179 所示。

双击铅笔工具 ✐，弹出"铅笔工具选项"对话框，如图 2-180 所示。对话框的"保真度"调节杆，控制点越靠近"精确"端，曲线上的点的精确度越高，越靠近"平滑"端，曲线的平滑度越高。在"选项"选项组中，勾选"填充新铅笔描边"复选框，如果当前设置了填充颜色，绘制出的路径将使用该颜色；勾选"保持选定"复选框，绘制的曲线处于被选取状态；勾选"Alt 键切换到平滑工具"复选框，可以在按住 Alt 键的同时，将铅笔工具切换为平滑工具；勾选"当终端在此范围内时闭合路径"复选框，可以在设置的预定义像素数内自动闭合绘制的路径；勾选"编辑所选路径"复选框，可以对选中的路径进行编辑。

2．使用画笔工具

使用画笔工具 ✐ 可以绘制出样式繁多的精美线条和图形，还可以调节不同的刷头以达到不同的绘制效果。利用不同的画笔样式可以绘制出风格迥异的图像。

选择画笔工具 ✎ ，选择"窗口 > 画笔"命令，弹出"画笔"控制面板，如图 2-181 所示。在控制面板中选择任意一种画笔样式，在页面中需要的位置单击并按住鼠标左键不放，向右拖曳鼠标进行线条的绘制，释放鼠标左键，线条绘制完成，效果如图 2-182 所示。

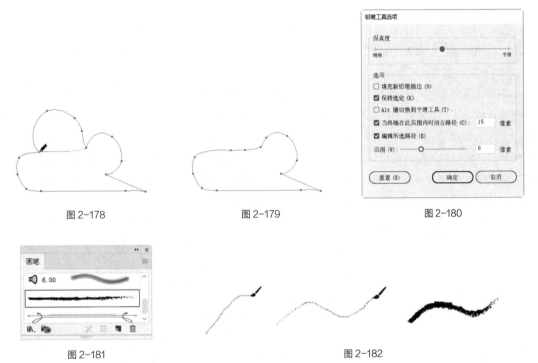

图 2-178   图 2-179   图 2-180

图 2-181   图 2-182

选取绘制的线条，如图 2-183 所示，选择"窗口 > 描边"命令，弹出"描边"控制面板，在控制面板的"粗细"选项中选择或输入需要的描边大小，如图 2-184 所示，线条的效果如图 2-185 所示。

图 2-183   图 2-184   图 2-185

双击画笔工具 ✎ ，弹出"画笔工具选项"对话框，如图 2-186 所示。对话框的"保真度"调节杆，控制点越靠近"精确"端，曲线上点的精确度越高，越靠近"平滑"端，曲线的平滑度越高。在"选项"选项组中，勾选"填充新画笔描边"复选框，则每次使用画笔工具绘制图形时，系统都会自动以默认颜色来填充对象的笔画；勾选"保持选定"复选框，绘制的曲线处于被选取状态；勾选"编辑所选路径"复选框，可以对选中的路径进行编辑。

3. 使用"画笔"控制面板

选择"窗口 > 画笔"命令，弹出"画笔"控制面板。下面进行详细讲解。

◎ 画笔类型

图 2-186

Illustrator CC 2019 包括 5 种类型的画笔，即散点画笔、书法画笔、毛刷画笔、图案画笔、艺术画笔。

（1）散点画笔

单击"画笔"控制面板右上角的 ≡ 图标，弹出其下拉菜单。在系统默认状态下"显示散点画笔"命令为灰色，选择"打开画笔库"命令，弹出子菜单，如图 2-187 所示。在子菜单中选择任意一种散点画笔，弹出相应的控制面板，如图 2-188 所示。在控制面板中单击画笔，画笔就被加载到"画笔"控制面板中，如图 2-189 所示。选择任意一种散点画笔，再选择画笔工具 ✎，在页面上连续单击或拖曳鼠标，就可以绘制出需要的图像，效果如图 2-190 所示。

图 2-187

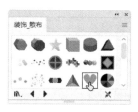

图 2-188

图 2-189

图 2-190

（2）书法画笔

在系统默认状态下，书法画笔为显示状态，"画笔"控制面板的第一排为书法画笔，如图 2-191 所示。选择任意一种书法画笔，选择画笔工具 ✎，在页面中需要的位置单击并按住鼠标左键不放，拖曳鼠标进行线条的绘制，释放鼠标左键，线条绘制完成，效果如图 2-192 所示。

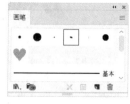

图 2-191

图 2-192

（3）毛刷画笔

在系统默认状态下，毛刷画笔为显示状态，"画笔"控制面板的第 3 排为毛刷画笔，如图 2-193 所示。选择画笔工具 ✎，在页面中需要的位置单击并按住鼠标左键不放，拖曳鼠标进行线条的绘制，释放鼠标左键，线条绘制完成，效果如图 2-194 所示。

图 2-193   图 2-194

（4）图案画笔

单击"画笔"控制面板右上角的 ≡ 图标，弹出其下拉菜单。在系统默认状态下"显示图案画笔"命令为灰色，选择"打开画笔库"命令，在弹出的子菜单中选择任意一种图案画笔，弹出相应的控制面板，如图 2-195 所示。在控制面板中单击画笔，画笔即被加载到"画笔"控制面板中，如图 2-196 所示。选择任意一种图案画笔，再选择画笔工具 ✐，在页面上连续单击或拖曳鼠标，就可以绘制出需要的图像，效果如图 2-197 所示。

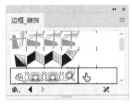   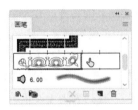   

图 2-195   图 2-196   图 2-197

（5）艺术画笔

在系统默认状态下，艺术画笔为显示状态，"画笔"控制面板的第 2 排以下为艺术画笔，如图 2-198 所示。选择任意一种艺术画笔，选择画笔工具 ✐，在页面中需要的位置单击并按住鼠标左键不放，拖曳鼠标进行线条的绘制，释放鼠标左键，线条绘制完成，效果如图 2-199 所示。

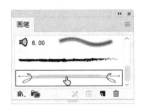

图 2-198   图 2-199

◎ 更改画笔类型

选中想要更改画笔类型的图像，如图 2-200 所示，在"画笔"控制面板中单击需要的画笔样式，如图 2-201 所示，更改画笔后的图像效果如图 2-202 所示。

   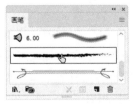   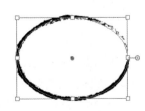

图 2-200   图 2-201   图 2-202

◎ "画笔"控制面板的按钮

"画笔"控制面板下面有 4 个按钮。从左到右依次是"移去画笔描边"按钮 ✕、"所选对象的选项"
按钮 ▣ 、"新建画笔"按钮 ◨ 和"删除画笔"按钮 🗑 。

● "移去画笔描边"按钮 ✕：用于将将当前被选中的图形上的描边删除，而留下原始路径。

● "所选对象的选项"按钮 ▣：用于打开应用到被选中图形上的画笔的选项对话框，在对话框
中可以编辑画笔。

● "新建画笔"按钮 ◨：用于创建新的画笔。

● "删除画笔"按钮 🗑：用于删除选定的画笔样式。

◎ 编辑画笔

Illustrator CC 2019 提供了编辑画笔的功能，如改变画笔的外观、大小、颜色、角度及箭头方
向等。对于不同的画笔类型，编辑的参数也有所不同。

选中"画笔"控制面板中需要编辑的画笔，如图 2-203 所示。单击控制面板右上角的 ≡ 图标，
在弹出的子菜单中选择"画笔选项"命令，弹出"散点画笔选项"对话框，如图 2-204 所示。在"选项"
选项组中，在"名称"文本框中可以设定画笔的名称；"大小"下拉列表用于设定画笔图案与原图
案之间比例大小的范围；"间距"下拉列表用于设定画笔工具 ✎ 绘图时沿路径分布的图案之间的距离；
"分布"下拉列表用于设定路径两侧分布的图案之间的距离；"旋转"下拉列表用于设定各个画笔
图案的旋转角度；"旋转相对于"下拉列表用于设定画笔图案是相对于"页面"还是相对于"路径"
来旋转。在"着色"选项组中，"方法"下拉列表用于设置着色的方法；"主色"选项后的吸管工
具用于选择颜色，其后的色块即为所选择的颜色。单击"提示"按钮 💡，弹出"着色提示"对话框，
如图 2-205 所示。设置完成后，单击"确定"按钮，即可完成画笔的编辑。

图 2-203

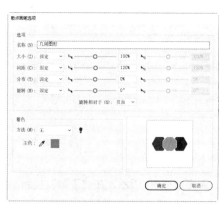

图 2-204

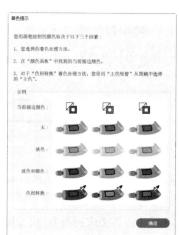

图 2-205

◎ 自定义画笔

在 Illustrator CC 2019 中除了利用系统预设的画笔类型和编辑已有的画笔，还可以使用自定义
的画笔。不同类型的画笔，定义的方法类似。如果新建散点画笔，那么作为散点画笔的图形对象中
就不能包含图案、渐变填充等属性。如果新建书法画笔和艺术画笔，就不需要事先制作好图案，只
要在其相应的画笔选项对话框中进行设定就可以了。

选中想要制作成为画笔的对象，如图 2-206 所示。单击"画笔"控制面板下面的"新建画笔"按钮 ，或单击控制面板右上角的 按钮，在弹出的子菜单中选择"新建画笔"命令，弹出"新建画笔"对话框，选择"散点画笔"单选按钮，如图 2-207 所示。

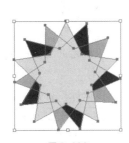

图 2-206   图 2-207

单击"确定"按钮，弹出"散点画笔选项"对话框，如图 2-208 所示。单击"确定"按钮，制作的画笔将自动添加到"画笔"控制面板中，如图 2-209 所示。使用新定义的画笔可以在绘图页面上绘制图形，如图 2-210 所示。

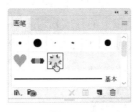

图 2-208   图 2-209   图 2-210

4．使用钢笔工具

Illustrator CC 2019 中的钢笔工具是一个非常重要的工具。使用钢笔工具可以绘制直线、曲线和任意形状的路径，也可以对线段进行精确的调整，使其更加细致。

◎ 绘制直线

选择钢笔工具 ，在页面中单击鼠标确定直线的起点，如图 2-211 所示。移动鼠标指针到需要的位置，再次单击鼠标确定直线的终点，如图 2-212 所示。

图 2-211   图 2-212

在需要的位置再连续单击确定其他的锚点，就可以绘制出折线的效果，如图 2-213 所示。如果双击折线上的锚点，该锚点会被删除，折线的另外两个锚点将自动连接，效果如图 2-214 所示。

图 2-213	图 2-214

◎ 绘制曲线

选择钢笔工具 ，在页面中单击并按住鼠标左键拖曳鼠标来确定曲线的起点。起点的两端分别出现了一条控制线，释放鼠标后效果如图 2-215 所示。

移动鼠标指针到需要的位置，再次单击并按住鼠标左键拖曳鼠标指针，绘制第 2 个锚点，两个锚点之间出现了一条曲线段，如图 2-216 所示。同时第 2 个锚点两端也出现了控制线，调整控制线，可以改变曲线段的形状。

如果连续地单击并拖曳鼠标，则可以绘制出一些连续、平滑的曲线，如图 2-217 所示。

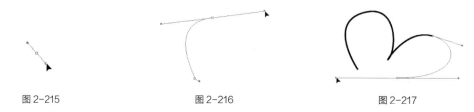

图 2-215	图 2-216	图 2-217

5．绘制复合路径

使用钢笔工具不但可以绘制单纯的直线或曲线，还可以绘制既包含直线又包含曲线的复合路径。

复合路径是指由两个或两个以上的开放或封闭路径所组成的路径。在复合路径中，路径间重叠在一起的公共区域被镂空，呈透明状态，如图 2-218 和图 2-219 所示。

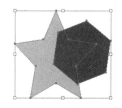
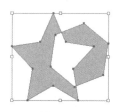

图 2-218	图 2-219

◎ 制作复合路径

（1）使用命令制作复合路径

绘制两个图形，并选中这两个图形对象，如图 2-220 所示。选择"对象 > 复合路径 > 建立"命令（或按 Ctrl+8 组合键），可以看到两个对象成为复合路径后的效果，如图 2-221 所示。

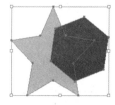
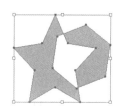

图 2-220	图 2-221

（2）使用弹出式菜单制作复合路径

绘制两个图形，并选中这两个图形对象，用鼠标右键单击选中的对象，在弹出的快捷菜单中选择"建立复合路径"命令，两个对象成为复合路径。

◎ 复合路径与编组的区别

虽然使用编组选择工具 ▷ 也能将组成复合路径的各个路径单独选中，但复合路径和编组是有区别的。编组是一组组合在一起的对象，其中的每个对象都是独立的，可以有不同的外观属性；而所有包含在复合路径中的路径都被认为是一条路径，整个复合路径中只能有一种填充和描边属性。复合路径与编组分别如图 2-222 和图 2-223 所示。

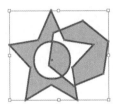 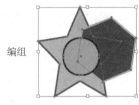

图 2-222   图 2-223

◎ 释放复合路径

（1）使用命令释放复合路径

选中复合路径，选择"对象 > 复合路径 > 释放"命令（或按 Alt+Shift+Ctrl+8 组合键），可以释放复合路径。

（2）使用弹出式菜单制作复合路径

选中复合路径，在绘图页面上单击鼠标右键，在弹出的快捷菜单中选择"释放复合路径"命令，可以释放复合路径。

2.2.5 【实战演练】绘制卡通帽插画

使用钢笔工具、矩形工具和"剪切蒙版"命令绘制身体部分，使用铅笔工具、"6d 艺术钢笔画笔"命令和椭圆工具绘制手臂。最终效果参看云盘中的"Ch02 > 效果 > 绘制卡通帽插画 .ai"，如图 2-224 所示。

绘制卡通帽插画

图 2-224

2.3 综合演练——绘制婴儿贴图标

2.3综合演练

绘制婴儿贴图标

2.4 综合演练——绘制钱包插画

2.4综合演练

绘制钱包插画

03 第3章
图标设计

图标设计是 UI 设计的重要组成部分，优秀的图标设计可以帮助客户更好地理解产品的功能，提升用户体验感。本章通过多个案例讲解图标的设计方法和制作技巧。

课堂学习目标

- 熟悉图标的设计思路和过程
- 掌握绘制图标的相关工具的使用方法
- 掌握图标的制作方法和技巧

3.1 绘制娱乐媒体 App 金刚区歌单图标

3.1.1 【案例分析】

本案例是为娱乐媒体 App 绘制一个金刚区歌单图标。金刚区是用户进入 App 后首先看到的模块，旨在帮助用户识别 App 的主要功能，使用户能够快速上手。该 App 是一款针对年轻人推出的社交应用程序，用户通过该 App 可以随时随地和朋友联系，还可以通过直播短视频方式结交新的朋友。因此要求设计符合年轻人的时尚品味和娱乐媒体的市场定位。

3.1.2 【设计理念】

图标使用同色系的渐变背景，图标整体色彩饱满、形象突出、具有光影效果，可抓住用户的视线；主体话筒的设计简洁美观，在突出主题的同时，增加了生动性，令人印象深刻。最终效果参看云盘中的"Ch03 > 效果 > 绘制娱乐媒体 App 金刚区歌单图标 .ai"，如图 3-1 所示。

绘制娱乐媒体App金刚区歌单图标

图 3-1

3.1.3 【操作步骤】

（1）打开 Illustrator CC 2019，按 Ctrl+N 组合键，弹出"新建文档"对话框，设置文档的宽度为 90 px，高度为 90 px，取向为竖向，颜色模式为 RGB，单击"创建"按钮，新建一个文档。

（2）选择椭圆工具 ◉，在按住 Shift 键的同时，在页面中绘制一个圆形，如图 3-2 所示。双击渐变工具 ▣，弹出"渐变"控制面板。选中"线性渐变"按钮 ▣，在色带上设置两个渐变滑块，分别将渐变滑块的位置设为 0、100，并设置 R、G、B 的值分别为 0 处（254、191、42）、100 处（254、231、107），其他选项的设置如图 3-3 所示。为图形填充渐变色，并设置描边色为无，效果如图 3-4 所示。

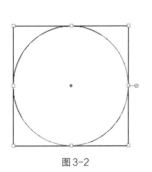

图 3-2

图 3-3

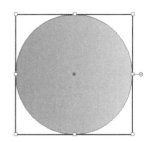

图 3-4

（3）选择矩形工具 ▣，在页面中单击鼠标左键，弹出"矩形"对话框，选项的设置如图 3-5 所示。单击"确定"按钮，出现一个矩形。选择选择工具 ▶，拖曳矩形到适当的位置，效果如图 3-6 所示。

图 3-5

图 3-6

（4）选择直接选择工具 ▷，选取左下角的锚点，并向右拖曳锚点到适当的位置，效果如图 3-7 所示。用相同的方法调整右下角的锚点，效果如图 3-8 所示。

（5）选择选择工具 ▶，选取图形，如图 3-9 所示。双击渐变工具 ▣，弹出"渐变"控制面板。选中"线性渐变"按钮 ▣，在色带上设置两个渐变滑块，分别将渐变滑块的位置设为 0、100，并设置 R、G、B 的值分别为 0 处（254、98、42）、100 处（254、55、42），其他选项的设置如图 3-10 所示。为图形填充渐变色，并设置描边色为无，效果如图 3-11 所示。

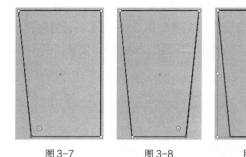

图 3-7　　　　图 3-8　　　　图 3-9

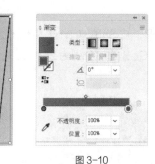

图 3-10

图 3-11

（6）选择椭圆工具 ⬭，在按住 Shift 键的同时，在适当的位置绘制一个圆形，效果如图 3-12 所示。选择选择工具 ▶，在按住 Alt+Shift 组合键的同时，垂直向上拖曳圆形到适当的位置，复制圆形，效果如图 3-13 所示。

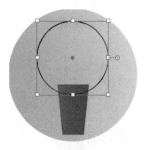

图 3-12

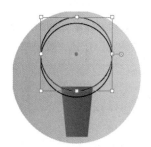

图 3-13

（7）选取第一个圆形，填充图形为黑色，并设置描边色为无，效果如图 3-14 所示。在属性栏中将"不透明度"选项设为 35%，按 Enter 键确定操作，效果如图 3-15 所示。

图 3-14   图 3-15

（8）选择选择工具▶，选取下方红色渐变图形。按 Ctrl+C 组合键，复制图形，按 Shift+Ctrl+ V 组合键，就地粘贴图形，效果如图 3-16 所示。在按住 Shift 键的同时，单击透明图形将其同时选取，如图 3-17 所示。按 Ctrl+7 组合键，建立剪切蒙版，效果如图 3-18 所示。

图 3-16   图 3-17   图 3-18

（9）选取大圆形，按 Shift+Ctrl+] 组合键，将其置于顶层，效果如图 3-19 所示。设置图形填充色为浅黄色（其 R、G、B 的值分别为 254、183、28），填充图形，并设置描边色为无，效果如图 3-20 所示。

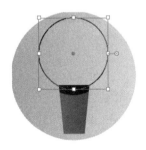

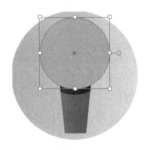

图 3-19   图 3-20

（10）选择"对象 > 创建渐变网格"命令，在弹出的"创建渐变网格"对话框中进行设置，如图 3-21 所示。单击"确定"按钮，效果如图 3-22 所示。

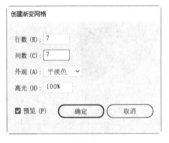

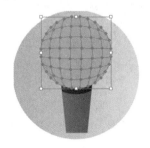

图 3-21   图 3-22

（11）选择直接选择工具 ，在按住 Shift 键的同时，选中网格中的锚点，如图 3-23 所示，设置填充色为米白色（其 R、G、B 的值分别为 254、246、234），填充锚点，效果如图 3-24 所示。用相同的方法分别选中网格中的其他锚点，填充相应的颜色，效果如图 3-25 所示。

图 3-23

图 3-24

图 3-25

（12）选择圆角矩形工具 ▣，在页面中单击鼠标左键，弹出"圆角矩形"对话框，选项的设置如图 3-26 所示。单击"确定"按钮，出现一个圆角矩形。选择选择工具 ▶，拖曳圆角矩形到适当的位置，效果如图 3-27 所示。

图 3-26

图 3-27

（13）双击渐变工具 ▣，弹出"渐变"控制面板，选中"线性渐变"按钮 ▣，在色带上设置两个渐变滑块，分别将渐变滑块的位置设为 0、100，并设置 R、G、B 的值分别为 0 处（255、255、75）、100 处（255、128、0），其他选项的设置如图 3-28 所示。为图形填充渐变色，并设置描边色为无，效果如图 3-29 所示。

图 3-28

图 3-29

（14）选择圆角矩形工具 ▣，在页面中单击鼠标左键，弹出"圆角矩形"对话框，选项的设置如图 3-30 所示。单击"确定"按钮，出现一个圆角矩形。选择选择工具 ▶，拖曳圆角矩形到适当的位置，填充图形为黑色，并设置描边色为无，效果如图 3-31 所示。

（15）按 Ctrl+C 组合键，复制图形；按 Ctrl+F 组合键，将复制的图形贴在前面。向上拖曳圆角矩形下方中间的控制手柄到适当的位置，调整其大小，效果如图 3-32 所示。

图 3-30   图 3-31   图 3-32

（16）选择选择工具 ，在按住 Shift 键的同时，依次单击将所绘制的图形同时选取。按 Ctrl+G 组合键，将其编组，效果如图 3-33 所示。

（17）选择"窗口 > 变换"命令，弹出"变换"控制面板，将"旋转"选项设为 45°，如图 3-34 所示。按 Enter 键确定操作，效果如图 3-35 所示。

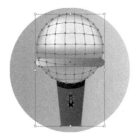

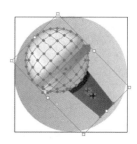

图 3-33   图 3-34   图 3-35

（18）选择选择工具 ，拖曳编组图形到适当的位置，效果如图 3-36 所示。选取下方黄色渐变图形，按 Ctrl+C 组合键，复制图形；按 Shift+Ctrl+V 组合键，就地粘贴图形，效果如图 3-37 所示。

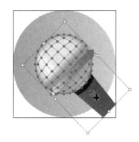

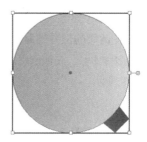

图 3-36   图 3-37

（19）在按住 Shift 键的同时，单击编组图形将其同时选取，如图 3-38 所示。按 Ctrl+7 组合键，建立剪切蒙版，效果如图 3-39 所示。娱乐媒体 App 金刚区图标绘制完成，效果如图 3-40 所示。

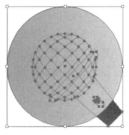

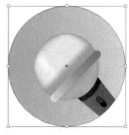

图 3-38   图 3-39   图 3-40

3.1.4 【相关工具】

1. 使用图案填充

图案填充是绘制图形的重要手段，使用合适的图案填充可以使绘制的图形更加生动形象。

选择"窗口 > 色板库 > 图案"命令，可以选择自然、装饰等多种图案填充图形，如图 3-41 所示。

绘制一个图形，如图 3-42 所示。在工具箱下方选择描边按钮，再在"Vonster 图案"控制面板中选择需要的图案，如图 3-43 所示。图案填充到图形的描边上，效果如图 3-44 所示。

图 3-41

图 3-42

图 3-43

图 3-44

在工具箱下方选择填充按钮，在"Vonster 图案"控制面板中单击选择需要的图案，如图 3-45 所示。图案填充到图形的内部，效果如图 3-46 所示。

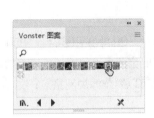

图 3-45

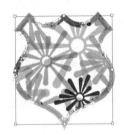

图 3-46

2. 建立渐变网格

应用渐变网格功能可以制作出图形颜色细微之处的变化，并且易于控制图形颜色。使用渐变网格还可以对图形应用多个方向、多种颜色的渐变填充。

◎ 使用网格工具 建立渐变网格

使用椭圆工具 ，绘制并填充椭圆形，保持其被选取状态，效果如图 3-47 所示。选择网格工具 ，在椭圆形中单击，将椭圆形建立为渐变网格对象，在椭圆形中增加了横竖两条线交叉形成的网格，如图 3-48 所示。继续在椭圆形中单击，可以增加新的网格，效果如图 3-49 所示。在网格中横竖两条线交叉形成的点就是网格点，而横、竖线就是网格线。

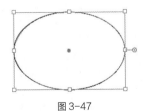

图 3-47

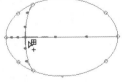

图 3-48

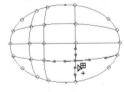

图 3-49

◎ 使用"创建渐变网格"命令创建渐变网格

使用椭圆工具 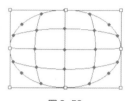，绘制并填充椭圆形，保持其被选取状态，效果如图 3-50 所示。选择"对象 > 创建渐变网格"命令，弹出"创建渐变网格"对话框，如图 3-51 所示。设置数值后，单击"确定"按钮，可以为图形创建渐变网格的填充，效果如图 3-52 所示。

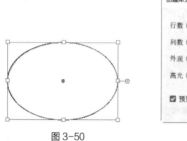

| 图 3-50 | 图 3-51 | 图 3-52 |

在"创建渐变网格"对话框中，"行数"文本框用于输入水平方向网格线的行数；"列数"文本框用于输入垂直方向网格线的列数；在"外观"下拉列表用于选择创建渐变网格后图形高光部位的表现方式，有至淡色、至中心和至边缘 3 种方式可以选择；"高光"文本框用于设置高光处的强度，当数值为 0 时，图形没有高光点，而是均匀的颜色填充。

3. 编辑渐变网格

◎ 添加网格点

使用椭圆工具 ◯，绘制并填充椭圆形，如图 3-53 所示。选择网格工具 ▦，在圆角矩形中单击，建立渐变网格对象，如图 3-54 所示。在圆角矩形中的其他位置再次单击，可以添加网格点，效果如图 3-55 所示，同时添加了网格线。在网格线上再次单击，可以继续添加网格点，效果如图 3-56 所示。

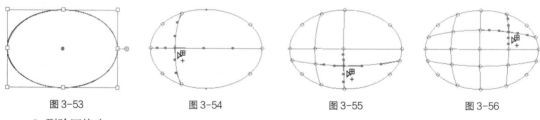

| 图 3-53 | 图 3-54 | 图 3-55 | 图 3-56 |

◎ 删除网格点

使用网格工具 ▦ 或直接选择工具 ▷ 单击选中网格点，如图 3-57 所示，再按 Delete 键，即可将网格点删除，效果如图 3-58 所示。

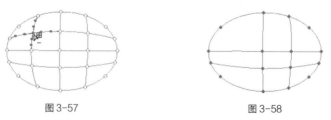

| 图 3-57 | 图 3-58 |

◎ 编辑网格颜色

使用直接选择工具 ▷ 单击选中网格点，如图 3-59 所示，在"色板"控制面板中单击需要的颜色块，如图 3-60 所示，可以为网格点填充颜色，效果如图 3-61 所示。

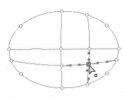 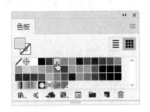 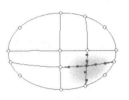

图 3-59　　　　　　　　　　　图 3-60　　　　　　　　　　　图 3-61

使用直接选择工具 单击选中网格，如图 3-62 所示，在"色板"控制面板中单击需要的颜色块，如图 3-63 所示，可以为网格填充颜色，效果如图 3-64 所示。

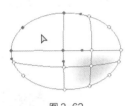 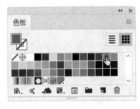 

图 3-62　　　　　　　　　　　图 3-63　　　　　　　　　　　图 3-64

◎ 移动网格点和调节网格线

使用网格工具 在网格点上单击并按住鼠标左键拖曳网格点，可以移动网格点，效果如图 3-65 所示。拖曳网格点的控制手柄可以调节网格线，效果如图 3-66 所示。

图 3-65　　　　　　　　　　　图 3-66

3.1.5　【实战演练】绘制电商平台 App 金刚区家电图标

使用圆角矩形工具、"描边"控制面板、椭圆工具、矩形工具和"变换"控制面板绘制洗衣机外形和功能按钮，使用椭圆工具、直线段工具和"描边"控制面板绘制洗衣机滚筒。最终效果参看云盘中的"Ch03 > 效果 > 绘制电商平台 App 金刚区家电图标 .ai"，如图 3-67 所示。

图 3-67

绘制电商平
台App金刚
区家电图标

3.2 绘制旅游出行 App 金刚区租车图标

3.2.1 【案例分析】

本案例是为旅游出行 App 制作一个金刚区租车图标。该 App 是综合性旅行服务平台，可以向用户提供酒店预订、旅游度假线路规划、租车等全方位旅行服务。要求设计简约，突出 App 的主题。

3.2.2 【设计理念】

图标使用纯色背景突出主体；简洁的行李箱和钟表图标表意准确，能够快速传达该 App 旅游出行的主题，同时强调 App 便利、及时的特点。最终效果参看云盘中的"Ch03 > 效果 > 绘制旅游出行 App 金刚区租车图标 .ai"，如图 3-68 所示。

绘制旅游出
行App金刚
区租车图标

图 3-68

3.2.3 【操作步骤】

（1）打开 Illustrator CC 2019，按 Ctrl+N 组合键，弹出"新建文档"对话框，设置文档的宽度为 90 px，高度为 90 px，取向为竖向，颜色模式为 RGB。单击"创建"按钮，新建一个文档。

（2）选择矩形工具▢，绘制一个与页面大小相等的矩形，如图 3-69 所示。设置填充色为浅紫色（其 R、G、B 的值分别为 216、228、255），填充图形，并设置描边色为无，效果如图 3-70 所示。

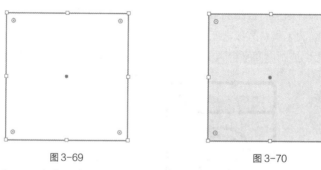

图 3-69　　　　　　　　　　　图 3-70

（3）选择"窗口 > 变换"命令，弹出"变换"控制面板。在"矩形属性："选项卡中，将"圆角半径"选项均设为 22 px，如图 3-71 所示。按 Enter 键确定操作，效果如图 3-72 所示。

（4）选择矩形工具▢，在适当的位置绘制一个矩形，如图 3-73 所示。在"变换"控制面板中，将"圆角半径"选项均设为 9 px，如图 3-74 所示。按 Enter 键确定操作，效果如图 3-75 所示。

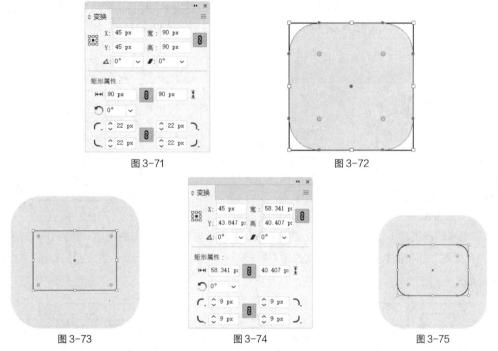

图 3-71   图 3-72

图 3-73   图 3-74   图 3-75

（5）选择矩形工具▭，在适当的位置绘制一个矩形，如图 3-76 所示。在"变换"控制面板中，将"圆角半径"选项设为 7 px 和 0 px，如图 3-77 所示。按 Enter 键确定操作，效果如图 3-78 所示。

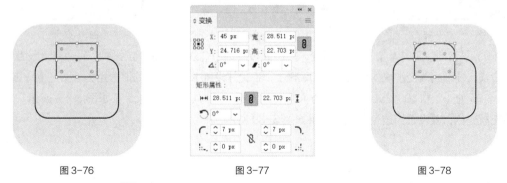

图 3-76   图 3-77   图 3-78

（6）选择选择工具▶，在按住 Shift 键的同时，单击下方圆角矩形将其同时选取，如图 3-79 所示。选择"窗口 > 路径查找器"命令，弹出"路径查找器"控制面板。单击"联集"按钮■，如图 3-80 所示，生成新的对象，效果如图 3-81 所示。

图 3-79   图 3-80   图 3-81

（7）选择矩形工具 ▢，在适当的位置绘制一个矩形，如图 3-82 所示。在"变换"控制面板中，将"圆角半径"选项设为 2 px 和 0 px，如图 3-83 所示。按 Enter 键确定操作，效果如图 3-84 所示。

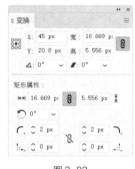

图 3-82　　　　　　　　　　图 3-83　　　　　　　　　　图 3-84

（8）选择选择工具 ▶，在按住 Shift 键的同时，单击下方图形将其同时选取，如图 3-85 所示。在"路径查找器"控制面板中，单击"减去顶层"按钮 ▢，如图 3-86 所示，生成新的对象，效果如图 3-87 所示。

图 3-85　　　　　　　　　　图 3-86　　　　　　　　　　图 3-87

（9）双击渐变工具 ▢，弹出"渐变"控制面板。选中"线性渐变"按钮 ▢，在色带上设置 3 个渐变滑块，分别将渐变滑块的位置设为 0、55、100，并设置 R、G、B 的值分别为 0 处（13、176、255）、55 处（1、130、251）、100 处（3、127、235），其他选项的设置如图 3-88 所示。为图形填充渐变色，并设置描边色为无，效果如图 3-89 所示。

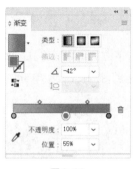

图 3-88　　　　　　　　　　　　图 3-89

（10）选择选择工具 ▶，按 Ctrl+C 组合键，复制图形；按 Ctrl+B 组合键，将复制的图形粘贴在后面。按→和↓方向键，微调复制的图形到适当的位置，填充图形为黑色，效果如图 3-90 所示。

（11）选择"窗口 > 透明度"命令，弹出"透明度"控制面板，将混合模式设为"叠加"，如图 3-91 所示，效果如图 3-92 所示。

图 3-90

图 3-91

图 3-92

（12）选择椭圆工具 ，在按住 Shift 键的同时，在适当的位置绘制一个圆形，效果如图 3-93 所示。在"渐变"控制面板中，选中"线性渐变"按钮 ，在色带上设置 3 个渐变滑块，分别将渐变滑块的位置设为 0、55、100，并设置 R、G、B 的值分别为 0 处（13、176、255）、55 处（1、130、251）、100 处（3、127、235），其他选项的设置如图 3-94 所示。图形被填充为渐变色，设置描边色为无，效果如图 3-95 所示。

图 3-93

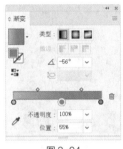
图 3-94

图 3-95

（13）选择选择工具 ，按 Ctrl+C 组合键，复制圆形；按 Ctrl+B 组合键，将复制的圆形粘贴在后面。按 → 和 ↓ 方向键，微调复制的圆形到适当的位置，填充图形为黑色，效果如图 3-96 所示。在"透明度"控制面板中，将混合模式设为"叠加"，如图 3-97 所示，效果如图 3-98 所示。

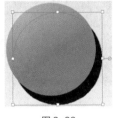
图 3-96

图 3-97

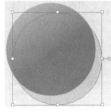
图 3-98

（14）选择选择工具 ，在按住 Shift 键的同时，单击原图形将其同时选取，如图 3-99 所示。在按住 Alt+Shift 组合键的同时，水平向右拖曳图形到适当的位置，复制图形，效果如图 3-100 所示。

图 3-99

图 3-100

（15）选择椭圆工具 ，在按住 Shift 键的同时，在适当的位置绘制一个圆形，设置描边色为浅紫色（其 R、G、B 的值分别为 216、228、255），填充描边，效果如图 3-101 所示。在属性栏中将"描边粗细"选项设置为 4 pt，按 Enter 键确定操作，效果如图 3-102 所示。

图 3-101   图 3-102

（16）按 Ctrl+C 组合键，复制图形；按 Ctrl+B 组合键，将复制的图形粘贴在后面。按→和↓方向键，微调复制的图形到适当的位置，效果如图 3-103 所示。设置填充色为海蓝色（其 R、G、B 的值分别为 1、104、187），填充图形，效果如图 3-104 所示。在属性栏中将"描边粗细"选项设置为 3 pt，按 Enter 键确定操作，效果如图 3-105 所示。

图 3-103   图 3-104   图 3-105

（17）选择矩形工具▣，在适当的位置绘制一个矩形，如图 3-106 所示。选择直接选择工具▷，单击选中右上角的锚点，如图 3-107 所示。按 Delete 键将其删除，效果如图 3-108 所示。

图 3-106   图 3-107   图 3-108

（18）选择选择工具▶，选取折线，设置描边色为浅紫色（其 R、G、B 的值分别为 216、228、255），填充描边，效果如图 3-109 所示。

（19）选择"窗口 > 描边"命令，弹出"描边"控制面板。单击"端点"选项中的"圆头端点"按钮 ⊂，其他选项的设置如图 3-110 所示。按 Enter 键确定操作，效果如图 3-111 所示。

图 3-109   图 3-110   图 3-111

（20）按 Ctrl+C 组合键，复制折线；按 Ctrl+B 组合键，将复制的折线粘贴在后面。按→和↓方向键，微调复制的折线到适当的位置，效果如图 3-112 所示。设置描边色为海蓝色（其 R、G、B 的值分别为 1、104、187），填充描边，效果如图 3-113 所示。

（21）选择椭圆工具，在按住 Shift 键的同时，在适当的位置绘制一个圆形，设置填充色为浅紫色（其 R、G、B 的值分别为 216、228、255）。填充图形，并设置描边色为无，效果如图 3-114 所示。

图 3-112

图 3-113

图 3-114

（22）按 Ctrl+C 组合键，复制圆形；按 Ctrl+B 组合键，将复制的圆形粘贴在后面。按→和↓方向键，微调复制的圆形到适当的位置，效果如图 3-115 所示。设置填充色为海蓝色（其 R、G、B 的值分别为 1、104、187），填充图形，效果如图 3-116 所示。旅游出行 App 金刚区图标绘制完成，效果如图 3-117 所示。

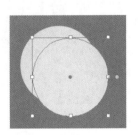
图 3-115

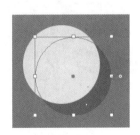
图 3-116

图 3-117

3.2.4 【相关工具】

1. 对象的选取

在 Illustrator CC 2019 中，提供了 5 种选择工具："选择"工具、"直接选择"工具、"编组选择"工具、"魔棒"工具和"套索"工具。它们都位于工具箱的上方，如图 3-118 所示。

图 3-118

- "选择"工具：通过单击路径上的一点或一部分来选择整个路径。
- "直接选择"工具：可以选择路径上独立的节点或线段，并显示出路径上的所有方向线以便于调整。
- "编组选择"工具：可以单独选择组合对象中的个别对象。
- "魔棒"工具：可以选择具有相同笔画或填充属性的对象。
- "套索"工具：可以选择路径上独立的节点或线段，在直接选取套索工具拖动时，经过轨迹上的所有路径将被同时选中。

编辑一个对象之前，首先要选中这个对象。对象刚建立时一般呈选取状态，对象的周围出现矩形圈选框。矩形圈选框是由 8 个控制手柄组成的，对象的中心有一个"$\bullet$"形的中心标记，对象矩形圈选框的示意如图 3-119 所示。

当选取多个对象时，可以多个对象共有 1 个矩形圈选框，多个对象的选取状态如图 3-120 所示。要取消对象的选取状态，只要在绘图页面上的其他位置单击即可。

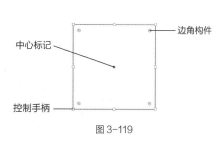
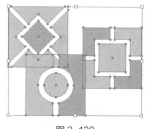

图 3-119　　　　　　　　　　　　　　　　　图 3-120

◎ 使用选择工具选取对象

选择选择工具 ▶，当鼠标指针移动到对象或路径上时，指针变为▶图标，如图 3-121 所示；当鼠标指针移动到节点上时，指针变为▶图标，如图 3-122 所示。单击鼠标左键即可选取对象，指针变为▶图标，如图 3-123 所示。

图 3-121　　　　　　　　　图 3-122　　　　　　　　　图 3-123

提示

按住 Shift 键，分别在要选取的对象上单击鼠标左键，即可连续选取多个对象。

选择选择工具 ▶，用鼠标在绘图页面中要选取的对象外围单击并拖曳鼠标，拖曳后会出现一个灰色的矩形圈选框，如图 3-124 所示。在矩形圈选框圈选住整个对象后释放鼠标，这时，被圈选的对象处于选取状态，如图 3-125 所示。用圈选的方法可以同时选取一个或多个对象。

图 3-124　　　　　　　　　　　　　　　　図 3-125

◎ 使用直接选择工具选取对象

选择直接选择工具 ▷，用鼠标单击对象可以选取整个对象，如图 3-126 所示。在对象的某个节点上单击，该节点将被选中，如图 3-127 所示。选中该节点不放，向下拖曳，将改变对象的形状，效果如图 3-128 所示。

图 3-126

图 3-127

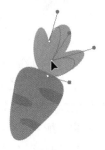
图 3-128

也可使用直接选择工具 ▷ 圈选对象。使用直接选择工具 ▷ 拖曳出一个矩形圈选框，在框中的所有对象将被同时选取。

> 在移动节点的时候，按住 Shift 键，节点可以沿着 45°角的整数倍方向移动；在移动节点的时候，按住 Alt 键，此时可以复制节点，这样就可以得到一段新路径。

◎ 使用魔棒工具选取对象

双击魔棒工具 ✨，弹出"魔棒"控制面板，如图 3-129 所示。

勾选"填充颜色"复选框，可以使填充相同颜色的对象同时被选中；勾选"描边颜色"复选框，可以使填充相同描边的对象同时被选中；勾选"描边粗细"复选框，可以使填充相同笔画宽度的对象同时被选中；勾选"不透明度"复选框，可以使相同透明度的对象同时被选中；勾选"混合模式"复选框，可以使相同混合模式的对象同时被选中。

图 3-129

绘制 3 个图形，如图 3-130 所示，"魔棒"控制面板的设定如图 3-131 所示。使用魔棒工具 ✨，单击左边的对象，那么填充相同颜色的对象都会被选取，效果如图 3-132 所示。

图 3-130

图 3-131

图 3-132

绘制 3 个图形，如图 3-133 所示，"魔棒"控制面板的设定如图 3-134 所示，使用魔棒工具 ✨，单击左边的对象，那么填充相同描边颜色的对象都会被选取，如图 3-135 所示。

图 3-133　　　　　　　　　　　图 3-134　　　　　　　　　　　图 3-135

◎ 使用套索工具选取对象

选择套索工具 ⚲，在对象的外围单击并按住鼠标左键，拖曳鼠标绘制一个套索圈，如图 3-136 所示，释放鼠标左键，对象被选取，效果如图 3-137 所示。

选择套索工具 ⚲，在绘图页面中的对象外围单击并按住鼠标左键，拖曳鼠标在对象上绘制出一条套索线，绘制的套索线必须经过对象，效果如图 3-138 所示。套索线经过的对象将同时被选中，效果如图 3-139 所示。

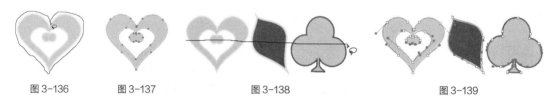

图 3-136　　　　图 3-137　　　　　　图 3-138　　　　　　　图 3-139

2．对象的按比例缩放、移动和镜像

◎ 对象的按比例缩放

在 Illustrator CC 2019 中可以快速而精确地按比例缩放对象，使设计工作变得更轻松。下面就介绍对象的按比例缩放方法。

（1）使用工具箱中的工具按比例缩放对象

选取要缩放的对象，对象的周围出现控制手柄，如图 3-140 所示。用鼠标拖曳需要的控制手柄，如图 3-141 所示，可以缩放对象，效果如图 3-142 所示。

图 3-140　　　　　　　　　　图 3-141　　　　　　　　　　图 3-142

提示　　拖曳对角线上的控制手柄时，按住 Shift 键，对象会成等比例缩放。按住 Shift+Alt 组合键，对象会成从中心等比例缩放。

选取要成比例缩放的对象，再选择比例缩放工具 ⚲，对象的中心出现缩放对象的中心控制点，用鼠标在中心控制点上单击并拖曳可以移动中心控制点的位置，如图 3-143 所示。用鼠标在对象上拖曳可以缩放对象，如图 3-144 所示。成比例缩放对象的效果如图 3-145 所示。

图 3-143　　　　　　　　　　图 3-144　　　　　　　　　　图 3-145

（2）使用"变换"控制面板成比例缩放对象

选择"窗口 > 变换"命令（或按 Shift+F8 组合键），弹出"变换"控制面板，如图 3-146 所示。在控制面板中，"宽"文本框用于设置对象的宽度，"高"文本框用于设置对象的高度。改变宽度和高度值，就可以缩放对象。勾选"缩放圆角"复选框，可以在缩放时等比例缩放圆角半径值；勾选"缩放描边和效果"复选框，可以在缩放时等比例缩放添加的描边和效果。

（3）使用菜单命令缩放对象

选择"对象 > 变换 > 缩放"命令，弹出"比例缩放"对话框，如图 3-147 所示。在对话框中，选择"等比"单选按钮可以调节对象成比例缩放，选择"不等比"单选按钮可以调节对象不成比例缩放，"水平"文本框用于设置对象在水平方向上的缩放百分比，"垂直"文本框用于设置对象在垂直方向上的缩放百分比。

图 3-146　　　　　　　　　　　　　　图 3-147

（4）使用鼠标右键的弹出式命令缩放对象

在选取的要缩放的对象上单击鼠标右键，弹出快捷菜单，选择"对象 > 变换 > 缩放"命令，也可以对对象进行缩放。

◎ 对象的移动

在 Illustrator CC 2019 中，可以快速而精确地移动对象。要移动对象，就要使被移动的对象处于选取状态。

（1）使用工具箱中的工具和键盘移动对象

选取要移动的对象，效果如图 3-148 所示。在对象上单击并按住鼠标左键不放，拖曳鼠标到需要放置对象的位置，如图 3-149 所示。释放鼠标左键，对象的移动操作完成，效果如图 3-150 所示。

选取要移动的对象，用键盘上的方向键可以微调对象的位置。

图 3-148

图 3-149

图 3-150

（2）使用"变换"控制面板移动对象

选择"窗口 > 变换"命令（或按 Shift+F8 组合键），弹出"变换"控制面板，如图 3-151 所示。在控制面板中，"X"文本框用于设置对象在 x 轴的位置，"Y"文本框用于设置对象在 y 轴的位置。改变 x 轴和 y 轴的数值，就可以移动对象。

（3）使用菜单命令移动对象

选择"对象 > 变换 > 移动"命令（或按 Shift+Ctrl+M 组合键），弹出"移动"对话框，如图 3-152 所示。在对话框中，"水平"文本框用于设置对象在水平方向上移动的数值，"垂直"文本框用于设置对象在垂直方向上移动的数值，"距离"文本框用于设置对象移动的距离，"角度"文本框用于设置对象移动或旋转的角度，"复制"按钮用于复制出一个移动对象。

图 3-151

图 3-152

◎ 对象的镜像

在 Illustrator CC 2019 中可以快速而精确地进行镜像操作，以使设计和制作工作更加轻松有效。

（1）使用工具箱中的工具镜像对象

选取要生成镜像的对象，效果如图 3-153 所示，选择镜像工具，用鼠标拖曳对象进行旋转，出现蓝色线，效果如图 3-154 所示，这样可以实现图形的旋转变换，也就是对象绕自身中心的镜像变换。镜像后的效果如图 3-155 所示。

图 3-153

图 3-154

图 3-155

　　用鼠标在绘图页面上任一位置单击,可以确定新的镜像轴标志◇的位置,效果如图 3-156 所示。用鼠标在绘图页面上的任意位置再次单击,则单击产生的点与镜像轴标志的连线就作为镜像变换的镜像轴,对象在与镜像轴对称的地方生成镜像,效果如图 3-157 所示。

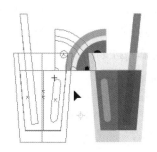

图 3-156　　　　　　　　　　　　　　图 3-157

 提示

　　在使用镜像工具 ◁ 生成镜像对象的过程中,只能使对象本身产生镜像。要在镜像的位置生成一个对象的复制品,方法很简单,在拖曳鼠标时按住 Alt 键即可。镜像工具 ◁ 也可以用于旋转对象。

　　(2)使用选择工具 ▶ 镜像对象

　　使用选择工具 ▶,选取要生成镜像的对象,效果如图 3-158 所示。按住鼠标左键直接拖曳控制手柄到相对的边,直到出现对象的蓝色线,效果如图 3-159 所示。释放鼠标左键就可以得到不规则的镜像对象,效果如图 3-160 所示。

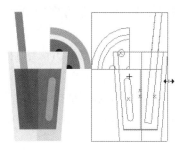

图 3-158　　　　　　　　　　　图 3-159　　　　　　　　　　　图 3-160

　　直接拖曳左边或右边中间的控制手柄到相对的边,直到出现对象的蓝色线,松开鼠标左键即可得到原对象的水平镜像。直接拖曳上边或下边中间的控制手柄到相对的边,直到出现对象的蓝色虚线,释放鼠标左键即可得到原对象的垂直镜像。

 提示

　　按住 Shift 键,拖曳边角上的控制手柄到相对的边,对象会成比例地沿对角线方向生成镜像图形。按住 Shift+Alt 组合键,拖曳边角上的控制手柄到相对的边,对象会成比例地从中心生成镜像图形。

　　(3)使用菜单命令镜像对象

　　选择"对象 > 变换 > 对称"命令,弹出"镜像"对话框,如图 3-161 所示。在"轴"选项组中,选择"水平"单选按钮可以垂直镜像对象，选择"垂直"单选按钮可以水平镜像对象，选择"角度"单选按钮可以在其右侧的文本框中输入镜像角度的数值。在"选项"选项组中，勾选"变换对象"复选框，图案不会被镜像；勾选"变换图案"复选框，图案会被镜像；"复制"按钮用于在原对象上复制一个镜像的对象。

图 3-161

3. 对象的旋转和倾斜变形

◎ 对象的旋转

（1）使用工具箱中的工具旋转对象

使用选择工具 ▶ 选取要旋转的对象，将鼠标指针移动到旋转控制手柄上，这时的指针变为旋转符号 ↰，如图 3-162 所示。按下鼠标左键，拖动鼠标旋转对象，旋转时对象上会出现蓝色的虚线，指示旋转方向和角度，效果如图 3-163 所示。旋转到需要的角度后释放鼠标左键，旋转对象的效果如图 3-164 所示。

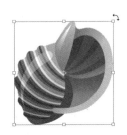
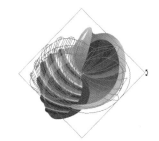

图 3-162 图 3-163 图 3-164

选取要旋转的对象，选择自由变换工具 ⊞，对象的四周出现控制柄。用鼠标拖曳控制柄，就可以旋转对象。此工具与选择工具 ▶ 的使用方法类似。

选取要旋转的对象，选择旋转工具 ↻，对象的四周出现控制柄，用鼠标拖曳控制柄就可以旋转对象。对象是围绕旋转中心 ✛ 来旋转的，Illustrator CC 2019 默认的旋转中心是对象的中心点。可以通过改变旋转中心来使对象旋转到新的位置，将鼠标指针移动到旋转中心上，按下鼠标左键拖曳旋转中心到需要的位置，如图 3-165 所示，再用鼠标拖曳图形进行旋转，如图 3-166 所示。改变旋转中心后旋转对象的效果如图 3-167 所示。

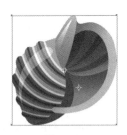
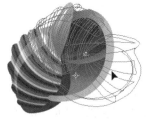
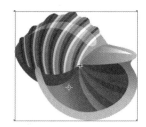

图 3-165 图 3-166 图 3-167

（2）使用"变换"控制面板旋转对象

选择"窗口 > 变换"命令，弹出"变换"控制面板。"变换"控制面板的使用方法与"对象的移动"中的使用方法相同，这里不再赘述。

（3）使用菜单命令旋转对象

选择"对象 > 变换 > 旋转"命令或双击旋转工具 ，弹出"旋转"对话框，如图 3-168 所示。在对话框中，"角度"文本框用于设置对象旋转的角度；勾选"变换对象"复选框，旋转的对象不是图案；勾选"变换图案"复选框，旋转的对象是图案；"复制"按钮用于在原对象上复制一个旋转对象。

图 3-168

◎ 对象的倾斜变形

（1）使用工具箱中的工具倾斜对象

选取要倾斜的对象，如图 3-169 所示。选择倾斜工具 ，对象的四周将出现控制柄。用鼠标拖曳控制柄或对象，倾斜时对象上会出现蓝色的线来指示倾斜变形的方向和角度，效果如图 3-170 所示。倾斜到需要的角度后释放鼠标左键即可，对象的倾斜变形效果如图 3-171 所示。

图 3-169   图 3-170   图 3-171

（2）使用"变换"控制面板倾斜对象

选择"窗口 > 变换"命令，弹出"变换"控制面板。"变换"控制面板的使用方法和"对象的移动"中的使用方法相同，这里不再赘述。

（3）使用菜单命令倾斜对象。

选择"对象 > 变换 > 倾斜"命令，弹出"倾斜"对话框，如图 3-172 所示。在对话框中，"倾斜角度"文本框用于设置对象倾斜的角度。在"轴"选项组中，选择"水平"单选按钮，对象可以水平倾斜；选择"垂直"单选按钮，对象可以垂直倾斜；选择"角度"单选按钮，可以调节倾斜的角度。"复制"按钮用于在原对象上复制一个倾斜的对象。

图 3-172

 提示　　对象的移动、旋转、镜像和倾斜等操作也可以使用鼠标右键快捷菜单中的命令来完成。

4. 使用"路径查找器"控制面板编辑对象

在 Illustrator CC 2019 中编辑图形时，"路径查找器"控制面板是最常用的工具之一。它包含一组功能强大的路径编辑命令。使用"路径查找器"控制面板可以将许多简单的路径经过特定的运算之后转变为复杂的路径。

选择"窗口 > 路径查找器"命令（或按 Shift+Ctrl+F9 组合键），弹出"路径查找器"控制面板，如图 3-173 所示。

◎ 认识"路径查找器"控制面板的按钮

在"路径查找器"控制面板的"形状模式"选项组中有 5 个按钮，从左至右分别是"联集"按钮 、"减去顶层"按钮 、"交集"按钮 、"差集"按钮 和"扩展"按钮。利用前 4 个按钮可以通过不同的组合方式在多个图形间制作出对应的复合图形，而利用"扩展"按钮则可以把复合图形转变为复合路径。

图 3-173

在"路径查找器"选项组中有 6 个按钮，从左至右分别是"分割"按钮 、"修边"按钮 、"合并"按钮 、"裁剪"按钮 、"轮廓"按钮 和"减去后方对象"按钮 。这组按钮主要用于把对象分解成各个独立的部分，或者删除对象中不需要的部分。

◎ 使用"路径查找器"控制面板

（1）"联集"按钮

在绘图页面中选择两个绘制的图形对象，如图 3-174 所示。单击"联集"按钮 ，生成新的对象。新对象的填充和描边属性与位于顶部的对象的填充和描边属性相同，效果如图 3-175 所示。

（2）"减去顶层"按钮

在绘图页面中选择两个绘制的图形对象，如图 3-176 所示。单击"减去顶层"按钮 ，生成新的对象。该操作可以在最下层对象的基础上，将被上层对象挡住的部分和上层的所有对象同时删除，只剩下最下层对象的剩余部分，效果如图 3-177 所示。

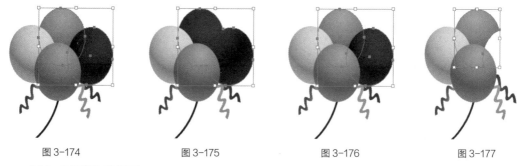

图 3-174   图 3-175   图 3-176   图 3-177

（3）"交集"按钮

在绘图页面中选择两个绘制的图形对象，如图 3-178 所示。单击"交集"按钮 ，生成新的对象。该操作可以将图形没有重叠的部分删除，而仅仅保留重叠部分。生成的新对象的填充和描边属性与位于顶部的对象的填充和描边属性相同，效果如图 3-179 所示。

（4）"差集"按钮

在绘图页面中选择两个绘制的图形对象，如图 3-180 所示。单击"差集"按钮 ，生成新的对象。该操作可以删除对象间重叠的部分。生成的新对象的填充和描边属性与位于顶部的对象的填充和描边属性相同，效果如图 3-181 所示。

（5）"分割"按钮

在绘图页面中选择两个绘制的图形对象，如图 3-182 所示。单击"分割"按钮 ，生成新的对象，效果如图 3-183 所示。该操作可以分离相互重叠的图形，从而得到多个独立的对象。生成的新对象的填充和描边属性与位于顶部的对象的填充和描边属性相同。取消选取状态后的效果如图 3-184 所示。

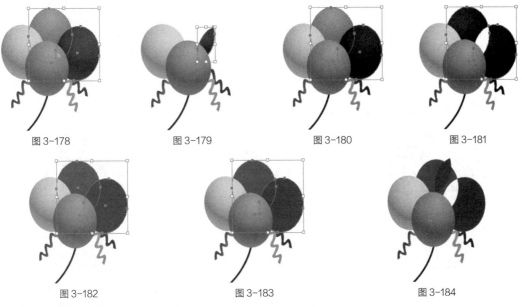

图 3-178　　　　　　　图 3-179　　　　　　　图 3-180　　　　　　　图 3-181

图 3-182　　　　　　　　　图 3-183　　　　　　　　　图 3-184

（6）"修边"按钮 ▣

在绘图页面中选择两个绘制的图形对象，如图 3-185 所示。单击"修边"按钮 ▣，生成新的对象，效果如图 3-186 所示。该操作可以删除所有对象的描边属性和被上层对象挡住的部分，新生成的对象保持原来的填充属性。取消选取状态后的效果如图 3-187 所示。

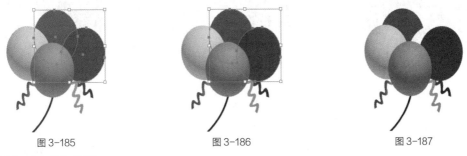

图 3-185　　　　　　　　　图 3-186　　　　　　　　　图 3-187

（7）"合并"按钮 ▣

在绘图页面中选择两个绘制的图形对象，如图 3-188 所示。单击"合并"按钮 ▣，生成新的对象，效果如图 3-189 所示。如果填充属性相同，该操作可以删除所有对象的描边，且合并具有相同颜色的整体对象；如果填充属性不同，该操作可以删除所有对象的描边属性和被上层对象挡住的部分。取消选取状态后的效果如图 3-190 所示。

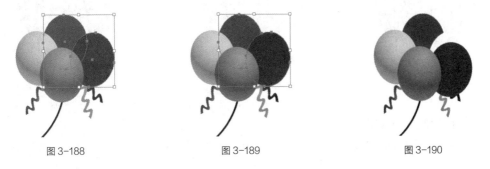

图 3-188　　　　　　　　　图 3-189　　　　　　　　　图 3-190

（8）"裁剪"按钮 ▣

在绘图页面中选择两个绘制的图形对象，如图 3-191 所示。单击"裁剪"按钮 ▣ ，生成新的对象，效果如图 3-192 所示。该操作的工作原理和蒙版相似，对重叠的图形来说，该操作可以把所有放在最前面对象之外的图形部分修剪掉，同时最前面的对象本身消失。取消选取状态后的效果如图 3-193 所示。

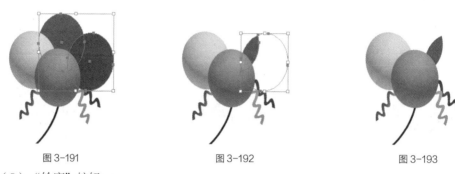

图 3-191   图 3-192   图 3-193

（9）"轮廓"按钮 ▣

在绘图页面中选择两个绘制的图形对象，如图 3-194 所示。单击"轮廓"按钮 ▣ ，生成新的对象，效果如图 3-195 所示。该操作勾勒出所有对象的轮廓。取消选取状态后的效果如图 3-196 所示。

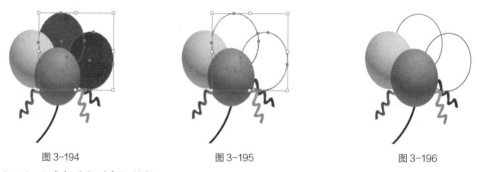

图 3-194   图 3-195   图 3-196

（10）"减去后方对象"按钮 ▣

在绘图页面中选择两个绘制的图形对象，如图 3-197 所示。选中这两个对象，单击"减去后方对象"按钮 ▣ ，生成新的对象，效果如图 3-198 所示。"减去后方对象"操作可以从最前面的对象中减去后面的对象。取消选取状态后的效果如图 3-199 所示。

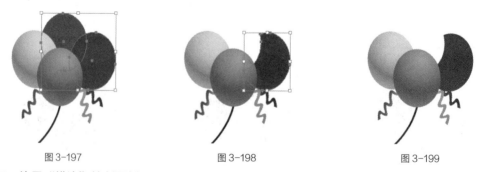

图 3-197   图 3-198   图 3-199

5. 使用"描边"控制面板

描边其实就是对象的描边线，对描边进行填充时，还可以对其进行一定的设置，如更改描边的形状、粗细以及设置为虚线描边等。

选择"窗口 > 描边"命令（或按 Ctrl+F10 组合键），弹出"描边"控制面板，如图 3-200 所示。"描边"控制面板主要用来设置对象描边的属性，如粗细、形状等。

图 3-200

在"描边"控制面板中，"粗细"选项设置描边的宽度；"端点"选项组用于指定描边各线段的首端和尾端的形状样式，有平头端点 ▣、圆头端点 ▣ 和方头端点 ▣ 3 种样式；"边角"选项组用于指定一段描边的拐点，即描边的拐角形状，有 3 种不同的拐角接合形式，分别为斜接连接 ▣、圆角连接 ▣ 和斜角连接 ▣；"限制"文本框用于设置斜角的长度，它将决定描边沿路径改变方向时伸展的长度；"对齐描边"选项组用于设置描边与路径的对齐方式，有使描边居中对齐 ▣、使描边内侧对齐 ▣ 和使描边外侧对齐 ▣ 3 种方式；勾选"虚线"复选框可以创建描边的虚线效果。

6. 设置描边的粗细

当需要设置描边的宽度时，要用到"粗细"选项，可以在其下拉列表中选择合适的粗细，也可以直接输入合适的数值。

单击工具箱下方的"描边"按钮，使用星形工具 ☆ 绘制一个星形并保持其被选取状态，效果如图 3-201 所示。在"描边"控制面板"粗细"选项的下拉列表中选择需要的描边粗细值，或者直接输入合适的数值。本例设置的粗细数值为 30pt，如图 3-202 所示。星形的描边粗细被改变，效果如图 3-203 所示。

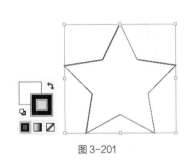

图 3-201

图 3-202

图 3-203

7. 设置描边的填充

保持星形处于被选取的状态，效果如图 3-204 所示。在"色板"控制面板中单击选取所需的填充样本，对象描边的填充效果如图 3-205 所示。

图 3-204

图 3-205

　　保持星形处于被选取的状态，效果如图 3-206 所示。在"颜色"控制面板中调配所需的颜色，如图 3-207 所示，或双击工具箱下方的"描边填充"按钮▢，弹出"拾色器"对话框，如图 3-208 所示。在对话框中可以调配所需的颜色，填充效果如图 3-209 所示。

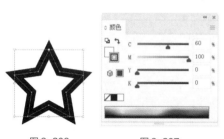
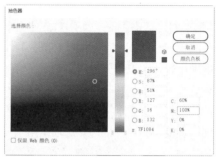

图 3-206　　　　　图 3-207　　　　　　　　　　　图 3-208　　　　　　　　图 3-209

8. 编辑描边的样式

　　在"描边"控制面板中，可完成以下操作。

　　◎ 设置"限制"文本框

　　"限制"文本框用于设置描边沿路径改变方向时的伸展长度。分别将"限制"文本框设置为 2 和 20 时的对象描边效果如图 3-210 所示。

　　◎ 设置"端点"和"边角"选项组

　　端点是指一段描边的首端和末端，可以为描边的首端和末端选择不同的顶点样式来改变描边顶点的形状。使用钢笔工具 ✐ 绘制一段描边，单击"描边"控制面板中的 3 个不同端点样式的按钮 ▤ ▤ ▤，选定的端点样式会应用到选定的描边中，如图 3-211 所示。

图 3-210

平头端点　　　　　　　　　圆头端点　　　　　　　　　　方头端点

图 3-211

　　边角是指一段描边的拐点，边角样式就是指描边拐角处的形状。绘制多边形的描边，单击"描边"控制面板中的 3 个不同边角样式按钮 ▤ ▤ ▤，选定的边角样式会应用到选定的描边中，如图 3-212 所示。

斜接连接　　　　　　　　　圆角连接　　　　　　　　　　斜角连接

图 3-212

◎ 设置"虚线"选项组

"虚线"选项组包括 6 个文本框，勾选"虚线"复选框，文本框被激活，第 1 个文本框默认的虚线值为 2pt，如图 3-213 所示。

"虚线"文本框用于设定每一段虚线段的长度，在文本框中输入的数值越大，虚线的长度就越长；反之，输入的数值越小，虚线的长度就越短。设置不同虚线长度值的描边效果如图 3-214 所示。

"间隙"文本框用于设定虚线段之间的距离，输入的数值越大，虚线段之间的距离越大；反之，输入的数值越小，虚线段之间的距离就越小。设置不同虚线间隙的描边效果如图 3-215 所示。

图 3-213

图 3-214　　　　　　　　　　　　　　　　　　　图 3-215

◎ 设置"箭头"选项组

在"描边"控制面板的"箭头"选项组 箭头 ⎯ ∨ ⎯ ∨ 中，左侧的是"起点的箭头"下拉列表，右侧的是"终点的箭头"下拉列表。选中要添加箭头的曲线，如图 3-216 所示。在"起点的箭头"下拉列表中单击需要的箭头样式，如图 3-217 所示，曲线的起始点会出现选择的箭头，效果如图 3-218 所示；在"终点的箭头"下拉列表中单击需要的箭头样式，如图 3-219 所示，曲线的终点会出现选择的箭头，效果如图 3-220 所示。

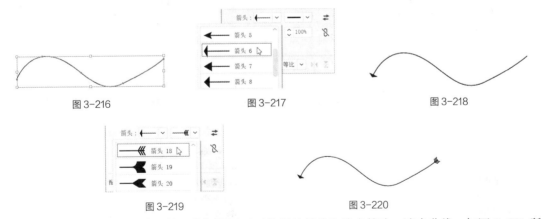

图 3-216　　　　　　　图 3-217　　　　　　　　　　图 3-218

图 3-219　　　　　　　　　　图 3-220

"互换箭头起始处和结束处"按钮 ⇄ 用于互换起始箭头和终点箭头。选中曲线，如图 3-221 所示。在"描边"控制面板中单击"互换箭头起始处和结束处"按钮 ⇄，如图 3-222 所示，效果如图 3-223 所示。

图 3-221　　　　　　　　　图 3-222　　　　　　　　　图 3-223

◎ 设置"缩放"选项组

在"缩放"选项组中，左侧的是"箭头起始处的缩放因子"数值框 ↻ 100% ，右侧的是"箭头结束处的缩放因子"数值框 ↻ 100% 。设置需要的数值，可以缩放曲线的起始箭头和结束箭头的大小。选中要缩放的曲线，如图 3-224 所示。将"箭头起始处的缩放因子"数值框设置为 200%，如图 3-225 所示，效果如图 3-226 所示；将"箭头结束处的缩放因子"数值框设置为 200%，效果如图 3-227 所示。

单击"缩放"选项组右侧的"链接箭头起始处和结束处缩放"按钮 ⌀ ，可以同时改变起始箭头和结束箭头的大小。

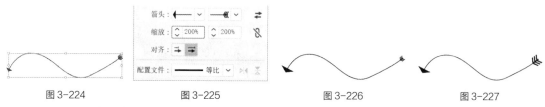

| 图 3-224 | 图 3-225 | 图 3-226 | 图 3-227 |

◎ 设置"对齐"选项组

在"对齐"选项组中，左侧的是"将箭头提示扩展到路径终点外"按钮 ⇥ ，右侧的是"将箭头提示放置于路径终点处"按钮 ⇥ 。这两个按钮分别用于设置箭头在终点以外和箭头在终点处。选中曲线，如图 3-228 所示。单击"将箭头提示扩展到路径终点外"按钮 ⇥ ，如图 3-229 所示，效果如图 3-230 所示；单击"将箭头提示放置于路径终点处"按钮 ⇥ ，箭头在终点处显示，效果如图 3-231 所示。

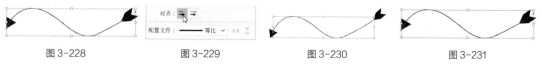

| 图 3-228 | 图 3-229 | 图 3-230 | 图 3-231 |

◎ 设置"配置文件"选项组

在"配置文件"选项组中，"配置文件"下拉列表 ——— 等比 ▽ 用于改变曲线描边的形状，如图 3-232 所示。选中曲线，如图 3-233 所示。在"配置文件"下拉列表中选中任意一个宽度配置文件，如图 3-234 所示，效果如图 3-235 所示。

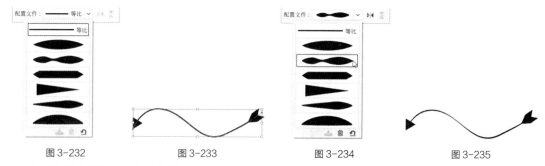

| 图 3-232 | 图 3-233 | 图 3-234 | 图 3-235 |

在"配置文件"选项组右侧有两个按钮，分别是"纵向翻转"按钮 ⋈ 和"横向翻转"按钮 ⋩ 。单击"纵向翻转"按钮 ⋈ ，可以改变曲线描边的左右位置；单击"横向翻转"按钮 ⋩ ，可以改变曲线描边的上下位置。

3.2.5 【实战演练】绘制餐饮 App 产品图标

使用圆角矩形工具、渐变工具、钢笔工具、矩形工具、椭圆工具和"变换"控制面板绘制餐饮 App 图标。最终效果参看云盘中的"Ch03 > 效果 > 绘制餐饮 App 产品图标 .ai",如图 3-236 所示。

绘制餐饮App
产品图标

图 3-236

3.3 综合演练——绘制家具销售 App 金刚区商店图标

3.3综合演练

绘制家具销
售App金刚
区商店图标

3.4 综合演练——绘制健康医疗 App 金刚区推荐图标

3.4综合演练

绘制健康医
疗App金刚
区推荐图标

04

第4章
插画设计

插画设计行业发展迅速,各类插画已经被广泛应用于广告、杂志、包装和纺织品领域。使用 Illustrator 绘制的插画简洁明快、独特新颖、形式多样,是深受大众喜爱的插画表现形式。本章通过多个案例,讲解插画的绘制方法和制作技巧。

课堂学习目标

- 熟悉插画的绘制思路和过程
- 掌握绘制插画的相关工具的用法
- 掌握插画的绘制方法和制作技巧

4.1 绘制风景插画

4.1.1 【案例分析】

本案例是绘制一幅自然风景插画，要求内容符合主题，画面元素搭配合理，要表现出大自然的生机。

4.1.2 【设计理念】

画面中，夕阳西下，映红了天边的晚霞，给人无限的遐想；绚烂的云彩为这夕阳美景更增添了几分神秘的气息；树影婆娑的山林和远处若隐若现的山峰相互呼应，为画面增添了几分生机，带给观者心旷神怡的感受。最终效果参看云盘中的"Ch04 > 效果 > 绘制风景插画 .ai"，如图 4-1 所示。

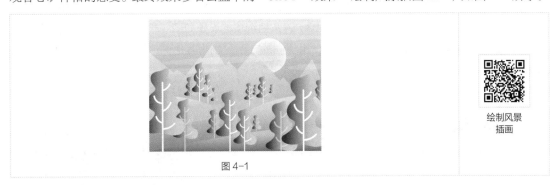

图 4-1

绘制风景
插画

4.1.3 【操作步骤】

（1）打开 Illustrator CC 2019，按 Ctrl+O 组合键，打开云盘中的"Ch04 > 素材 > 绘制风景插画 > 01"文件，如图 4-2 所示。选择选择工具▶，选取背景矩形。双击渐变工具▦，弹出"渐变"控制面板，单击"线性渐变"按钮▤，在色带上设置两个渐变滑块，分别将渐变滑块的位置设为 0、100，并设置 R、G、B 的值分别为 0 处（255、234、179）、100 处（235、108、40），其他选项的设置如图 4-3 所示。将图形填充为渐变色，设置描边色为无，效果如图 4-4 所示。

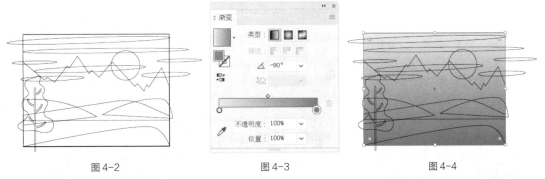

图 4-2   图 4-3   图 4-4

（2）选择选择工具▶，选取山峰图形。在"渐变"控制面板中，单击"线性渐变"按钮▤，在色带上设置两个渐变滑块，分别将渐变滑块的位置设为 0、100，并设置 R、G、B 的值分别为 0 处（235、189、26）、100 处（255、234、179），其他选项的设置如图 4-5 所示。将图形填充为渐变色，设置描边色为无，效果如图 4-6 所示。

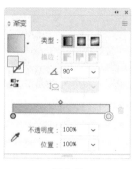 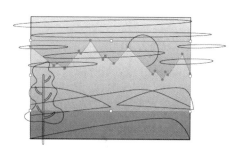

图 4-5   图 4-6

（3）选择选择工具 ▶，选取土丘图形，在"渐变"控制面板中，单击"线性渐变"按钮 ▣，在色带上设置两个渐变滑块，分别将渐变滑块的位置设为 10、100，并设置 R、G、B 的值分别为 10 处（108、216、157）、100 处（50、127、123），其他选项的设置如图 4-7 所示。将图形填充为渐变色，设置描边色为无，效果如图 4-8 所示。用相同的方法分别为其他图形填充相应的渐变色，效果如图 4-9 所示。

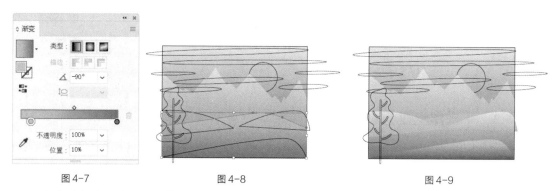

图 4-7   图 4-8   图 4-9

（4）选择编组选择工具 ▶，选取树叶图形，如图 4-10 所示。在"渐变"控制面板中，单击"线性渐变"按钮 ▣，在色带上设置两个渐变滑块，分别将渐变滑块的位置设为 8、86，并设置 R、G、B 的值分别为 8 处（11、67、74）、86 处（122、255、191），其他选项的设置如图 4-11 所示。将图形填充为渐变色，设置描边色为无，效果如图 4-12 所示。

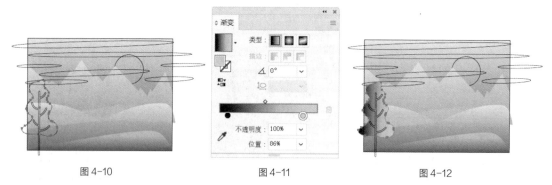

图 4-10   图 4-11   图 4-12

（5）选择编组选择工具 ▶，选取树干图形，如图 4-13 所示。选择"窗口 > 颜色"命令，在弹出的"颜色"控制面板中进行设置，如图 4-14 所示。按 Enter 键确定操作，效果如图 4-15 所示。

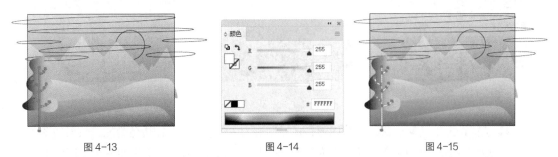

图 4-13   图 4-14   图 4-15

（6）选择选择工具 ▶，选取树木图形，在按住 Alt 键的同时，向右拖曳图形到适当的位置，复制图形，并调整其大小，效果如图 4-16 所示。按 Ctrl+ [组合键，将图形后移一层，效果如图 4-17 所示。

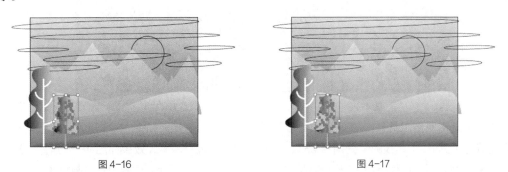

图 4-16   图 4-17

（7）选择编组选择工具 ▷，选取小树干图形。在"渐变"控制面板中，单击"线性渐变"按钮 ■，在色带上设置两个渐变滑块，分别将渐变滑块的位置设为 0、100，并设置 R、G、B 的值分别为 0 处（85、224、187）、100 处（255、234、179），其他选项的设置如图 4-18 所示。图形被填充为渐变色，设置描边色为无，效果如图 4-19 所示。

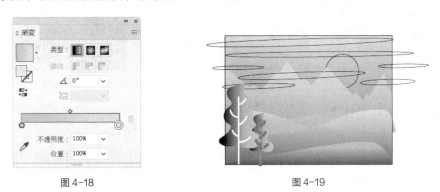

图 4-18   图 4-19

（8）用相同的方法复制树木图形并分别调整其大小和排序，效果如图 4-20 所示。选择选择工具 ▶，在按住 Shift 键的同时，依次选取云彩图形，填充图形为白色，并设置描边色为无，效果如图 4-21 所示。在属性栏中将"不透明度"选项设为 20%，按 Enter 键确定操作，效果如图 4-22 所示。

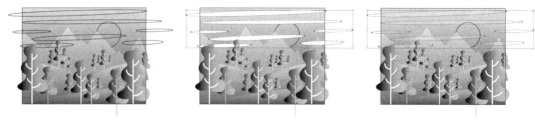

图 4-20　　　　　　　　图 4-21　　　　　　　　图 4-22

（9）选择选择工具▶，选取太阳图形，填充图形为白色，并设置描边色为无，效果如图 4-23 所示。在属性栏中将"不透明度"选项设为 80%，按 Enter 键确定操作，效果如图 4-24 所示。

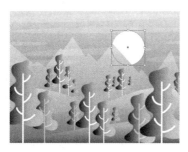
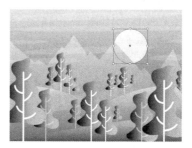

图 4-23　　　　　　　　　　　　　　　图 4-24

（10）选择网格工具▦，在圆形中心位置单击，添加网格点，如图 4-25 所示。设置网格点颜色为浅黄色（其 R、G、B 的值分别为 255、246、127），填充网格，效果如图 4-26 所示。选择选择工具▶，在页面空白处单击，取消选取状态，效果如图 4-27 所示。风景插画绘制完成。

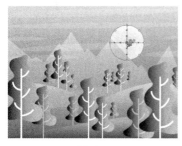

图 4-25　　　　　　　　图 4-26　　　　　　　　图 4-27

4.1.4　【相关工具】

1. 填充工具

应用工具箱中的填色和描边工具▣，可以指定所选对象的填充颜色和描边颜色。当单击↳按钮（快捷键为 X）时，可以切换填色显示框和描边显示框的位置。按 Shift+X 组合键时，可使选定对象的颜色在填充和描边填充之间切换。

在填色和描边工具▣下面有 3 个按钮，分别是"颜色"按钮▢、"渐变"按钮▣和"无"按钮▨。

2. "颜色"控制面板

在 Illustrator CC 2019 中可通过"颜色"控制面板设置对象的填充颜色。单击"颜色"控制面板右上方的☰图标，在弹出的子菜单中选择当前取色时使用的颜色模式。无论选择哪一种颜色模式，控制面板中都将显示出相关的颜色内容，如图 4-28 所示。

选择"窗口 > 颜色"命令，弹出"颜色"控制面板。"颜色"控制面板上的 按钮用于填充颜色和描边颜色之间的互相切换，操作方法与工具箱中 按钮的操作方法相同。

将鼠标指针移动到取色区域，鼠标指针变为吸管形状，单击即可选取颜色。拖曳各个颜色滑块或在各个文本框中输入有效的数值，可以调配出更精确的颜色，如图 4-29 所示。

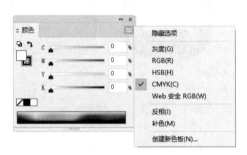
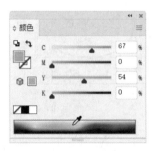

图 4-28   图 4-29

更改或设定对象的描边颜色时，单击选取已有的对象，在"颜色"控制面板中单击"描边颜色"按钮 ，选取或调配出新颜色，这时新选的颜色被应用到当前选定对象的描边中，效果如图 4-30 所示。

3. "色板"控制面板

选择"窗口 > 色板"命令，弹出"色板"控制面板，在"色板"控制面板中单击需要的颜色或样本，可以将其选中，如图 4-31 所示。

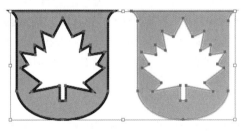
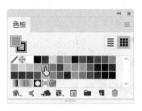

图 4-30   图 4-31

"色板"控制面板提供了多种颜色和图案，并且允许用户添加并存储自定义的颜色和图案。单击显示"色板类型"按钮 ，可以使所有的样本显示出来；单击"色板选项"按钮 ，可以打开"色板选项"对话框；单击"新建颜色组"按钮 ，可以新建颜色组；单击"新建色板"按钮 ，可以定义和新建一个新的样本；单击"删除色板"按钮 ，可以将选定的样本从"色板"控制面板中删除。

绘制一个图形，单击"填色"按钮，如图 4-32 所示。选择"窗口 > 色板"命令，弹出"色板"控制面板。在"色板"控制面板中单击需要的颜色或图案，来对图形内部进行填充，效果如图 4-33 所示。

在"色板"控制面板左上角的方块标有红色斜杠 ，表示无颜色填充。双击"色板"控制面板中的"颜色缩略图"按钮 时，会弹出"色板选项"对话框，可以设置其颜色属性，如图 4-34 所示。

单击"色板"控制面板右上方的 按钮，将弹出下拉菜单，选择其中的"新建色板"命令，可以将选中的某一颜色或样本添加到"色板"控制面板中，如图 4-35 所示。单击"新建色板"

按钮 　，弹出"新建色板"对话框，如图 4-36 所示。通过设置也可以添加新的颜色或样本到"色板"控制面板中。

图 4-32　　　　　　　　　　　　　　　　　　　　图 4-33

图 4-34　　　　　　　　　　图 4-35　　　　　　　　　　图 4-36

在 Illustrator CC 2019 中除了"色板"控制面板中默认的样本，在其"色板库"中还提供了多种色板。选择"窗口 > 色板库"命令，可以看到，在其子菜单中包含不同的样本可供选择使用。

选择"窗口 > 色板库 > 其他库"命令，弹出"其他库"对话框，可以将其他文件中的色板样本、渐变样本和图案样本导入到"色板"控制面板中。

4．创建渐变填充

绘制一个图形，如图 4-37 所示。单击工具箱下部的"渐变"按钮 ，对图形进行渐变填充，效果如图 4-38 所示。选择渐变工具 ，在图形中需要的位置单击设定渐变的起点并按住鼠标左键拖曳，再次单击确定渐变的终点，如图 4-39 所示，渐变填充的效果如图 4-40 所示。

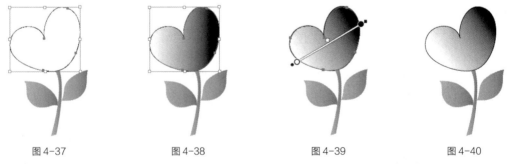

图 4-37　　　　　　　图 4-38　　　　　　　图 4-39　　　　　　　图 4-40

在"色板"控制面板中单击需要的渐变样本，对图形进行渐变填充，效果如图 4-41 所示。

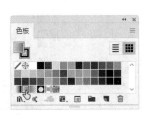

图 4-41

5. "渐变"控制面板

在"渐变"控制面板中可以设置渐变参数，可选择"线性"或"径向"渐变，设置渐变的起始、中间和终止颜色，还可以设置渐变的位置和角度。

选择"窗口 > 渐变"命令，弹出"渐变"控制面板，如图 4-42 所示。从"类型"选项组中可以选择"线性""径向"或"任意形状"渐变方式，如图 4-43 所示。

在"角度"选项的文本框中显示了当前的渐变角度，重新输入数值后按 Enter 键，可以改变渐变的角度，如图 4-44 所示。

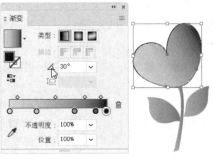

图 4-42　　　　　图 4-43　　　　　图 4-44

单击"渐变"控制面板下面的颜色滑块，在"位置"选项的文本框中显示出该滑块在渐变颜色中颜色位置的百分比，如图 4-45 所示。拖动滑块，改变该颜色的位置，将改变颜色的渐变梯度，如图 4-46 所示。

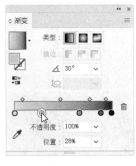

图 4-45　　　　　图 4-46

在色谱条底边单击，可以添加一个颜色滑块，如图 4-47 所示。在"颜色"控制面板中调配颜色，如图 4-48 所示，可以改变添加的颜色滑块的颜色，如图 4-49 所示。用鼠标按住颜色滑块不放并将其拖出到"渐变"控制面板外，可以直接删除颜色滑块。

双击色谱条上的颜色滑块，弹出"颜色"控制面板，可以快速地选取所需的颜色。

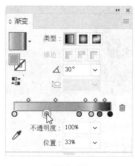

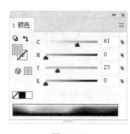

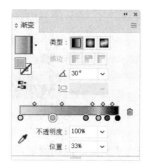

图 4-47　　　　　　　　　　　　图 4-48　　　　　　　　　　　　图 4-49

6. 渐变填充的样式

◎ 线性渐变填充

线性渐变填充是一种比较常用的渐变填充方式，通过"渐变"控制面板，可以精确地指定线性渐变的起始和终止颜色，还可以调整渐变方向。通过调整中心点的位置，可以生成不同的颜色渐变效果。当需要绘制线性渐变填充图形时，可按以下步骤操作。

选择绘制好的图形，如图 4-50 所示。双击渐变工具 ▣ 或选择"窗口 > 渐变"命令（或按 Ctrl+F9 组合键），弹出"渐变"控制面板。在"渐变"控制面板色谱条中，显示了程序默认的白色到黑色的线性渐变样式，如图 4-51 所示。在"渐变"控制面板的"类型"选项组中，单击"线性渐变"按钮 ▣，如图 4-52 所示，图形将被线性渐变填充，效果如图 4-53 所示。

图 4-50　　　　　　　　图 4-51　　　　　　　　图 4-52　　　　　　　　图 4-53

单击"渐变"控制面板中的起始颜色游标 ◎，如图 4-54 所示。然后在"颜色"控制面板中调配所需的颜色，设置渐变的起始颜色。再单击终止颜色游标 ●，如图 4-55 所示，设置渐变的终止颜色，效果如图 4-56 所示。图形的线性渐变填充效果如图 4-57 所示。

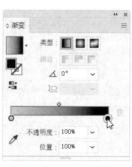
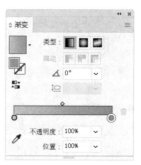

图 4-54　　　　　　　　图 4-55　　　　　　　　图 4-56　　　　　　　　图 4-57

拖动色谱条上边的控制滑块，可以改变颜色的渐变位置，如图 4-58 所示，"位置"下拉列表中的数值也会随之发生变化。直接设置"位置"下拉列表中的数值也可以改变颜色的渐变位置，图形的线性渐变填充效果也将改变，如图 4-59 所示。

图 4-58

图 4-59

如果要改变颜色渐变的方向，选择渐变工具 后直接在图形中拖曳即可。当需要精确地改变渐变方向时，可通过"渐变"控制面板中的"角度"选项来控制图形的渐变方向。

◎ 径向渐变填充

径向渐变填充是 Illustrator CC 2019 中的另一种渐变填充类型，与线性渐变填充不同，它从起始颜色开始，以圆的形式向外发散，逐渐过渡到终止颜色。它的起始颜色和终止颜色，以及渐变填充中心点的位置都是可以改变的。使用径向渐变填充可以生成多种渐变填充效果。

选择绘制好的图形，如图 4-60 所示。双击渐变工具 或选择"窗口 > 渐变"命令（或按 Ctrl+F9 组合键），弹出"渐变"控制面板，如图 4-61 所示。在"渐变"控制面板的"类型"选项组中，单击"径向渐变"按钮 ，如图 4-62 所示，图形将被径向渐变填充，效果如图 4-63 所示。

图 4-60

图 4-61

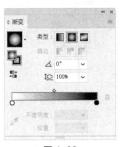
图 4-62

图 4-63

单击"渐变"控制面板中的起始颜色游标 或终止颜色游标 ，然后在"颜色"控制面板中调配颜色，即可改变图形的渐变颜色，效果如图 4-64 所示。拖动色谱条上边的控制滑块，可以改变颜色的中心渐变位置，效果如图 4-65 所示。使用渐变工具 ，可改变径向渐变的中心位置，效果如图 4-66 所示。

图 4-64

图 4-65

图 4-66

◎ 任意形状渐变填充

任意形状渐变可以在某个形状内设置色标，形成逐渐过渡的混合，可以设置为有序混合，也可以设置为随意混合，以便混合看起来很平滑、自然。

选择绘制好的图形，如图 4-67 所示。双击"渐变"工具 或选择"窗口 > 渐变"命令（组合键为 Ctrl+F9），弹出"渐变"控制面板，如图 4-68 所示。在"渐变"控制面板的"类型"选项组中，单击"任意形状渐变"按钮 ，如图 4-69 所示，图形将被径向渐变填充，效果如图 4-70 所示。

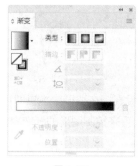
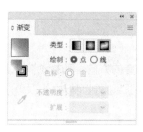

图 4-67　　　　　　　图 4-68　　　　　　　图 4-69　　　　　　　图 4-70

在"绘制"选项组中，选择"点"单选按钮，可以在对象中创建单独点形式的色标，效果如图 4-71 所示；选择"线"单选按钮，可以在对象中创建直线段形式的色标，效果如图 4-72 所示。

图 4-71　　　　　　　　　　　　　　　图 4-72

在对象中将鼠标指针放置在线段上，指针变为 图标，如图 4-73 所示。单击可以添加一个色标，如图 4-74 所示。然后在"颜色"控制面板中调配颜色，即可改变图形的渐变颜色，效果如图 4-75 所示。

图 4-73　　　　　　　图 4-74　　　　　　　图 4-75

在对象中单击并按住鼠标拖曳色标，可以移动色标的位置，如图 4-76 所示。在"渐变"控制面板的"色标"选项组中，单击"删除色标"按钮 ，可以删除选中的色标，效果如图 4-77 所示。

图 4-76 图 4-77

在"点"模式下，"渐变"面板中的"扩展"下拉列表被激活，可以设置色标周围的环形区域。在默认情况下，色标的扩展幅度取值范围为 0~100%。

4.1.5 【实战演练】绘制轮船插画

使用椭圆工具、矩形工具、直接选择工具、"变换"控制面板和"路径查找器"命令绘制船体，使用椭圆工具、"缩放"命令、直线段工具、旋转工具和"路径查找器"命令绘制救生圈，使用矩形工具、"变换"控制面板、圆角矩形工具和填充工具绘制烟囱、栏杆和船舱。最终效果参看云盘中的"Ch04 > 效果 > 绘制轮船插画 .ai"，如图 4-78 所示。

图 4-78

绘制轮船
插画1

绘制轮船
插画2

4.2 绘制许愿灯插画

4.2.1 【案例分析】

本案例是为儿童书籍绘制一幅以许愿灯为主题的插画。要求通过充满童趣的绘画语言表现出许愿灯的特点，引起儿童共鸣。

4.2.2 【设计理念】

插画以朦胧的夜色作为背景，飘向远方的许愿灯点亮了夜空，也承载了美好的祈愿；可爱的人物和动物造型在使画面更加丰富的同时也增添了童趣，符合儿童审美。最终效果参看云盘中的"Ch04 > 效果 > 绘制许愿灯插画 .ai"，如图 4-79 所示。

绘制许愿灯
插画

图 4-79

4.2.3　【操作步骤】

（1）打开 Illustrator CC 2019，按 Ctrl+O 组合键，打开云盘中的"Ch04 > 素材 > 绘制许愿灯插画 > 01"文件，如图 4-80 所示。

（2）选择钢笔工具 ，在页面外绘制一个不规则图形，如图 4-81 所示。设置填充色为橙色（其 R、G、B 的值分别为 239、124、19），填充图形，并设置描边色为无，效果如图 4-82 所示。

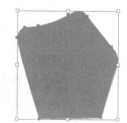

图 4-80　　　　　　　　　　图 4-81　　　　　　　　　　图 4-82

（3）选择钢笔工具 ，在适当的位置分别绘制不规则图形，如图 4-83 所示。选择选择工具 ，选取需要的图形，设置填充色为淡红色（其 R、G、B 的值分别为 189、55、0），填充图形，并设置描边色为无，效果如图 4-84 所示。

（4）选取需要的图形，设置填充色为深红色（其 R、G、B 的值分别为 227、66、0），填充图形，并设置描边色为无，效果如图 4-85 所示。在属性栏中将"不透明度"选项设为 50%，按 Enter 键确定操作，效果如图 4-86 所示。

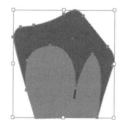

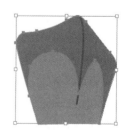

图 4-83　　　　　　　　图 4-84　　　　　　　　图 4-85　　　　　　　　图 4-86

（5）选择椭圆工具 ，在适当的位置绘制一个椭圆形，效果如图 4-87 所示。选择直接选择工

具 ▷，选取椭圆形下方的锚点，并向上拖曳锚点到适当的位置，效果如图 4-88 所示。选取左侧的锚点，拖曳下方的控制手柄到适当的位置，调整其弧度，效果如图 4-89 所示。用相同的方法调整右侧锚点，效果如图 4-90 所示。

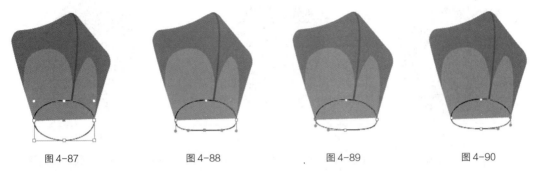

图 4-87　　　　　　　　图 4-88　　　　　　　　图 4-89　　　　　　　　图 4-90

（6）选择选择工具 ▷，选取图形，设置填充色为橘黄色（其 R、G、B 的值分别为 251、183、39），填充图形，并设置描边色为无，效果如图 4-91 所示。选择椭圆工具 ◯，在适当的位置绘制一个椭圆形，效果如图 4-92 所示。

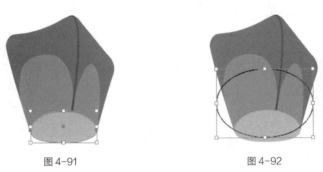

图 4-91　　　　　　　　　　　图 4-92

（7）选择选择工具 ▷，选取下方橘黄色图形。按 Ctrl+C 组合键，复制图形；按 Ctrl+F 组合键，将复制的图形粘贴在前面，如图 4-93 所示。在按住 Shift 键的同时，单击上方的椭圆形将其同时选取，如图 4-94 所示。

（8）选择"窗口 > 路径查找器"命令，弹出"路径查找器"控制面板。单击"交集"按钮 ▣，如图 4-95 所示，生成新的对象，效果如图 4-96 所示。

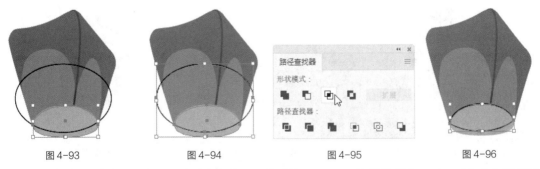

图 4-93　　　　　　　　图 4-94　　　　　　　　图 4-95　　　　　　　　图 4-96

（9）保持图形选取状态，设置填充色为深红色（其 R、G、B 的值分别为 227、66、0），填充图形，并设置描边色为无，效果如图 4-97 所示。在属性栏中将"不透明度"选项设为 50%，按 Enter

键确定操作，效果如图 4-98 所示。用相同的方法制作其他图形，并填充相应的颜色，效果如图 4-99 所示。

图 4-97   图 4-98   图 4-99

（10）选择椭圆工具 ，在适当的位置绘制一个椭圆形，效果如图 4-100 所示。双击渐变工具 ，弹出"渐变"控制面板。单击"径向渐变"按钮 ，在色带上设置两个渐变滑块，分别将渐变滑块的位置设为 0、100，并设置 R、G、B 的值分别为 0 处（255、255、0）、100 处（251、176、59），将上方渐变滑块的"位置"选项设为 31%，其他选项的设置如图 4-101 所示。将图形填充为渐变色，设置描边色为无，效果如图 4-102 所示。

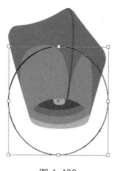
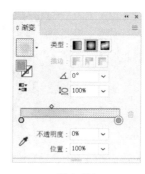
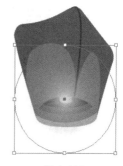

图 4-100   图 4-101   图 4-102

（11）选择选择工具 ，用框选的方法将所绘制的图形同时选取。按 Ctrl+G 组合键，将其编组，如图 4-103 所示。选择"窗口 > 变换"命令，弹出"变换"控制面板，将"旋转"选项设为 9°，如图 4-104 所示。按 Enter 键确定操作，效果如图 4-105 所示。

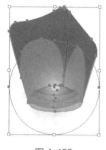

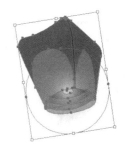

图 4-103   图 4-104   图 4-105

（12）选择"窗口 > 符号"命令，弹出"符号"控制面板，如图 4-106 所示。将选中的许愿灯拖曳到"符号"控制面板中，如图 4-107 所示，同时弹出"符号选项"对话框，设置如图 4-108 所示。单击"确定"按钮，创建符号，如图 4-109 所示。

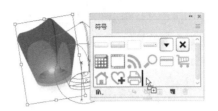

图 4-106

图 4-107

图 4-108

图 4-109

（13）选择符号喷枪工具 ，在页面中拖曳鼠标绘制多个许愿灯符号，效果如图 4-110 所示。使用符号缩放器工具 、符号旋转器工具 和符号滤色器工具 ，分别调整符号大小、旋转角度及透明度，效果如图 4-111 所示。许愿灯插画绘制完成，效果如图 4-112 所示。

图 4-110

图 4-111

图 4-112

4.2.4 【相关工具】

1. "符号"控制面板

符号是一种能存储在"符号"控制面板中，并且在一个插图中可以多次重复使用的对象。Illustrator CC 2019 提供了"符号"控制面板，专门用来创建、存储和编辑符号。

当需要在一个插图中多次制作同样的对象，并需要对对象进行多次类似的编辑操作时，可以使用符号来完成。这样可以大大提高效率、节省时间。例如，在一个网站设计中要多次应用到一个按钮的图样，这时就可以将这个按钮的图样定义为符号范例，然后即可对按钮符号多次重复使用。利用符号体系工具组中的相应工具可以对符号范例进行各种编辑操作。默认设置下的"符号"控制面板如图 4-113 所示。

如果在插图中应用了符号集合，那么当使用选择工具选取符号范例时，将把整个符号集合同时选中。此时，被选中的符号集合只能被移动，而不能被编辑。图 4-114 所示为应用到插图中的符号范例与符号集合。

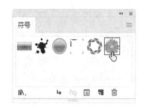

图 4-113   图 4-114

提示   在 Illustrator CC 2019 中的各种对象，如普通的图形、文本对象、复合路径、渐变网格等均可以被定义为符号。

"符号"控制面板具有创建、编辑和存储符号的功能。单击控制面板右上方的 ≡ 图标，将显示其下拉菜单，如图 4-115 所示。

图 4-115

在"符号"控制面板下方有以下 6 个按钮。

● "符号库菜单"按钮 ⚑.：包含多种符号库，可以选择调用。

● "置入符号实例"按钮 ↳ ：用于将当前选中的一个符号范例放置在页面的中心。

● "断开符号链接"按钮 ✂ ：用于将添加到插图中的符号范例与"符号"控制面板断开链接。

● "符号选项"按钮 ▦ ：单击该按钮可以打开"符号选项"对话框，并进行设置。

● "新建符号"按钮 ▤ ：单击该按钮可以将选中的要定义为符号的对象添加到"符号"控制面板中作为符号。

● "删除符号"按钮 🗑 ：单击该按钮可以删除"符号"控制面板中被选中的符号。

2．创建和应用符号

◎ 创建符号

除了单击"新建符号"按钮 ▤ ，也可以将选中的对象直接拖曳到"符号"控制面板中，弹出"符号选项"对话框，单击"确定"按钮，即可创建符号，如图 4-116 所示。

  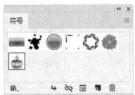

图 4-116

◎ 应用符号

在"符号"控制面板中选中需要的符号，直接将其拖曳到当前插图中，得到一个符号范例，如图 4-117 所示。

选择符号喷枪工具 可以同时创建多个符号范例，并且可以将它们作为一个符号集合。

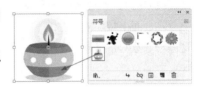

图 4-117

3. 使用符号工具

Illustrator CC 2019 工具箱的符号工具组中提供了 8 个符号工具，如图 4-118 所示，各工具的功能如下。

- 符号喷枪工具：用于创建符号集合，可以将"符号"控制面板中的符号对象应用到插图中。
- 符号移位器工具：用于移动符号范例。
- 符号紧缩器工具：用于对符号范例进行缩紧变形操作。
- 符号缩放器工具：用于对符号范例进行放大操作。按住 Alt 键，可以对符号范例进行缩小操作。
- 符号旋转器工具：用于对符号范例进行旋转操作。
- 符号着色器工具：用于使用当前颜色为符号范例填色。
- 符号滤色器工具：用于增加符号范例的透明度。按住 Alt 键，可以减小符号范例的透明度。
- 符号样式器工具：用于将当前样式应用到符号范例中。

要设置符号工具的属性时，可双击任意一个符号工具，弹出"符号工具选项"对话框，如图 4-119 所示，其中主要项的功能如下。

- "直径"文本框：用于设置笔刷直径的数值。这时的笔刷指的是选取符号工具后，鼠标指针的形状。
- "强度"文本框：用于设定拖曳鼠标时，符号范例随鼠标指针变化的速度。数值越大，被操作的符号范例变化越快。
- "符号组密度"文本框：用于设定符号集合中包含符号范例的密度。数值越大，符号集合所包含的符号范例的数目就越多。
- "显示画笔大小和强度"复选框：勾选该复选框，在使用符号工具时可以看到笔刷，不勾选该复选框则隐藏笔刷。

图 4-118　　　　　　　　　　　　　图 4-119

使用符号工具应用符号的具体操作如下。

选择符号喷枪工具，鼠标指针变成一个中间有喷壶的圆形，如图 4-120 所示。在"符号"控制面板中选取一种需要的符号对象，如图 4-121 所示。

在页面上按住鼠标左键不放并拖曳鼠标，符号喷枪工具将沿着拖曳的轨迹喷射出多个符号范例，这些符号范例将组成一个符号集合，如图 4-122 所示。

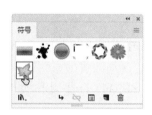

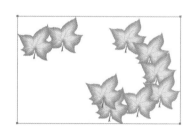

图 4-120　　　　　　　　图 4-121　　　　　　　　　图 4-122

使用选择工具选中符号集合，再选择符号移位器工具，将鼠标指针移到要移动的符号范例上，按住鼠标左键不放并拖曳鼠标，选中的符号范例将随其移动，如图 4-123 所示。

使用选择工具选中符号集合，选择符号紧缩器工具，将鼠标指针移到要使用符号紧缩器工具的符号范例上，按住鼠标左键不放并拖曳鼠标，选中的符号范例被紧缩，如图 4-124 所示。

使用选择工具选中符号集合，选择符号缩放器工具，将鼠标指针移到要调整的符号范例上，按住鼠标左键不放并拖曳鼠标，选中的符号范例将变大，如图 4-125 所示。按住 Alt 键操作，则可缩小符号范例。

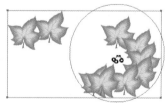

图 4-123　　　　　　　　图 4-124　　　　　　　　　图 4-125

使用选择工具选中符号集合，选择符号旋转器工具，将鼠标指针移到要旋转的符号范例上，按住鼠标左键不放并拖曳鼠标，选中的符号范例将发生旋转，如图 4-126 所示。

在"色板"控制面板或"颜色"控制面板中设定一种颜色作为当前色，使用选择工具▶选中符号集合，选择"符号着色器"工具，将鼠标指针移到要填充颜色的符号范例上，按住鼠标左键不放并拖曳鼠标，选中的符号范例被填充上当前色，如图 4-127 所示。

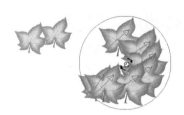

图 4-126   图 4-127

使用选择工具▶选中符号集合，选择符号滤色器工具，将鼠标指针移到要改变透明度的符号范例上，按住鼠标左键不放并拖曳鼠标，选中的符号范例的透明度将被增大，如图 4-128 所示。按住 Alt 键操作，可以减小符号范例的透明度。

使用选择工具▶选中符号集合，选择符号样式器工具，在"图形样式"控制面板中选中一种样式，将鼠标指针移到要改变样式的符号范例上，按住鼠标左键不放并拖曳鼠标，选中的符号范例将被改变样式，如图 4-129 所示。

使用选择工具▶选中符号集合，选择符号喷枪工具，按住 Alt 键，在要删除的符号范例上按住鼠标左键不放并拖曳鼠标，鼠标指针经过的区域中的符号范例被删除，如图 4-130 所示。

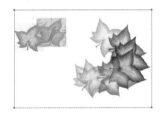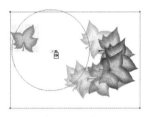

图 4-128   图 4-129   图 4-130

4.2.5 【实战演练】绘制超市插画

使用矩形工具、"变换"控制面板、圆角矩形工具、"剪切蒙版"命令和填充工具绘制超市房屋，使用矩形工具、镜像工具、"描边"控制面板、"剪切蒙版"命令绘制广告牌，使用文字工具、"字符"控制面板添加超市名称，使用矩形工具、"变换"控制面板和填充工具绘制遮阳伞。最终效果参看云盘中的"Ch04 > 效果 > 绘制超市插画 .ai"，如图 4-131 所示。

绘制超市   绘制超市
插画1   插画2

图 4-131

4.3 综合演练——绘制飞艇插画

4.3综合演练

绘制飞艇
插画1

绘制飞艇
插画2

绘制飞艇
插画3

4.4 综合演练——绘制休闲卡通插画

4.4综合演练

绘制休闲卡
通插画

05

第 5 章
海报设计

　　海报具有画面大、艺术表现力丰富和远视效果强烈等特点，在表现广告主题、增加广告艺术魅力和审美效果方面十分出色。本章以制作不同主题的海报为例，讲解海报的设计方法和制作技巧。

课堂学习目标

- 熟悉海报的设计思路和过程
- 掌握制作海报的相关工具的用法
- 掌握海报的制作方法和技巧

5.1 制作设计作品展海报

5.1.1 【案例分析】

红枫当代艺术馆不定期举办各类展览，"当代优秀海报设计作品展"即将开展，本案例是为该展览设计一款宣传海报，要求体现出浓郁的文化气息及创意理念。

5.1.2 【设计理念】

海报使用纯色作为背景，突出设计主体；作为主体的文字不规则摆放，创意十足，风格化强烈，丰富了画面，增加了海报的艺术性，使观者的印象深刻。最终效果参看云盘中的"Ch05 > 效果 > 制作设计作品展海报 .ai"，如图 5-1 所示。

图 5-1

制作设计作品展海报

5.1.3 【操作步骤】

（1）打开 Illustrator CC 2019，按 Ctrl+N 组合键，弹出"新建文档"对话框，设置文档的宽度为 1080 px，高度为 1440 px，取向为竖向，颜色模式为 RGB。单击"创建"按钮，新建一个文档。

（2）选择矩形工具 ▢，绘制一个与页面大小相等的矩形，如图 5-2 所示。设置填充色为粉色（其 R、G、B 的值分别为 244、201、198），填充图形，并设置描边色为无，效果如图 5-3 所示。按 Ctrl+2 组合键，锁定所选对象。

（3）选择文字工具 T，在页面中输入需要的文字。选择选择工具 ▶，在属性栏中选择合适的字体并设置文字大小，效果如图 5-4 所示。

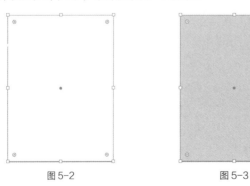

图 5-2   图 5-3   图 5-4

（4）保持文字选取状态。设置填充色为肉色（其 R、G、B 的值分别为 236、193、188），填充文字。设置描边色为红色（其 R、G、B 的值分别为 230、0、18），填充文字描边，效果如图 5-5 所示。

（5）在属性栏中将"描边粗细"选项设置为 5 pt，按 Enter 键确定操作，效果如图 5-6 所示。按 Shift+Ctrl+O 组合键，将文字转换为轮廓，效果如图 5-7 所示。

图 5-5

图 5-6

图 5-7

（6）选择选择工具 ▶，在按住 Alt 键的同时，向左下角拖曳文字到适当的位置，复制文字，效果如图 5-8 所示。在按住 Shift 键的同时，拖曳右上角的控制手柄，等比例缩小文字，效果如图 5-9 所示。

图 5-8

图 5-9

（7）用相同的方法复制其他文字并调整其大小，效果如图 5-10 所示。选择混合工具 ，在第 1 个文字"D"上单击鼠标，如图 5-11 所示，设置为起始图形。用鼠标单击第 2 个文字"D"，生成混合效果，如图 5-12 所示。

图 5-10

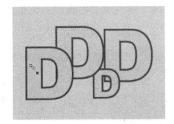
图 5-11

图 5-12

（8）继续在第 3 个文字"D"上单击鼠标，生成混合效果，如图 5-13 所示。在第 4 个文字"D"上单击鼠标，生成混合效果，如图 5-14 所示。

（9）双击混合工具 ，弹出"混合选项"对话框，选项的设置如图 5-15 所示。单击"确定"按钮，效果如图 5-16 所示。

（10）选择选择工具 ▶，选取混合图形，选择"对象 > 混合 > 扩展"命令，打散混合图形，如

图 5-17 所示。按 Shift+Ctrl+G 组合键，取消图形编组。

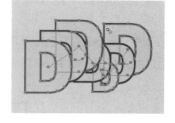

图 5-13 | 图 5-14

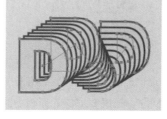

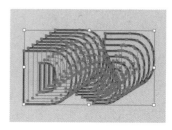

图 5-15 | 图 5-16 | 图 5-17

（11）选取第一个文字"D"，如图 5-18 所示。按 Shift+X 组合键，互换填充和描边，效果如图 5-19 所示。设置描边色为无，效果如图 5-20 所示。

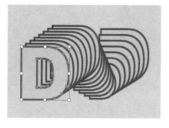

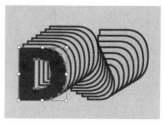

图 5-18 | 图 5-19 | 图 5-20

（12）选取最后一个文字"D"，如图 5-21 所示。按 Ctrl+C 组合键，复制文字；按 Ctrl+B 组合键，将复制的文字粘贴在后面。向右下角拖曳文字到适当的位置，并调整其大小，效果如图 5-22 所示。在按住 Shift 键同时，单击原文字将其同时选取，如图 5-23 所示。

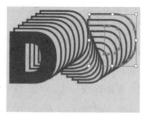

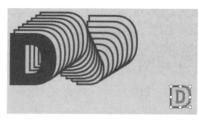

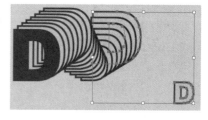

图 5-21 | 图 5-22 | 图 5-23

（13）双击混合工具 🖉，在弹出的"混合选项"对话框中进行设置，如图 5-24 所示，单击"确定"按钮。按 Alt+Ctrl+B 组合键，生成混合效果，效果如图 5-25 所示。

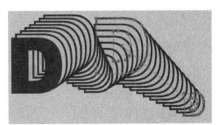

图 5-24　　　　　　　　　　　　　　　　　图 5-25

（14）用相同的方法制作其他文字混合效果，如图 5-26 所示。按 Ctrl+O 组合键，打开云盘中的"Ch05 > 素材 > 制作设计作品展海报 > 01"文件。选择选择工具▶，选取需要的图形。按 Ctrl+C 组合键，复制图形。选择正在编辑的页面，按 Ctrl+V 组合键，将其粘贴到页面中，并拖曳复制的图形到适当的位置，效果如图 5-27 所示。设计作品展海报制作完成，效果如图 5-28 所示。

图 5-26　　　　　　　　　　图 5-27　　　　　　　　　　图 5-28

5.1.4　【相关工具】

1．混合效果的使用

选择"混合"命令可以对整个图形、部分路径或控制点进行混合。混合对象后，中间各级路径上的点的数量、位置及点之间线段的性质取决于起始对象和终点对象上点的数目，同时还取决于在每个路径上指定的特定点。

"混合"命令试图匹配起始对象和终点对象上的所有点，并在每对相邻的点间画条线段。起始对象和终点对象最好包含相同数目的控制点。

◎ 创建混合对象

（1）应用混合工具创建混合对象

选择选择工具▶，选取要进行混合的两个对象，如图 5-29 所示。选择混合工具🔧，用鼠标单击要混合的起始图像，如图 5-30 所示。

图 5-29　　　　　　　　　　　　　　　图 5-30

在另一个要混合的图像上进行单击，将它设置为目标图像，如图 5-31 所示，绘制出的混合图像效果如图 5-32 所示。

图 5-31　　　　　　　　　　　　　　　图 5-32

（2）应用命令创建混合对象

选择选择工具▶，选取要进行混合的对象。选择"对象 > 混合 > 建立"命令（或按 Alt+Ctrl+B 组合键），绘制出混合图像。

◎ 创建混合路径

选择选择工具▶，选取要进行混合的对象，如图 5-33 所示。选择混合工具，用鼠标单击要混合的起始路径上的某一节点，鼠标指针形状变为实心，如图 5-34 所示。用鼠标单击另一个要混合的目标路径上的某一节点，将它设置为目标路径，如图 5-35 所示。

图 5-33　　　　　　　　　图 5-34　　　　　图 5-35

绘制出混合路径，效果如图 5-36 所示。

 提示

在起始路径和目标路径上单击的节点不同，所得出的混合效果也不同。

◎ 继续混合其他对象

选择混合工具，用鼠标单击混合路径中最后一个混合对象路径上的节点，如图 5-37 所示。

图 5-36　　　　　　　　　　　　　图 5-37

单击想要添加的其他对象路径上的节点，如图 5-38 所示。继续混合对象后的效果如图 5-39 所示。

图 5-38　　　　　　　　　　　　　图 5-39

◎ 释放混合对象

选择选择工具▶，选取一组混合对象，如图 5-40 所示。选择"对象 > 混合 > 释放"命令（或按 Alt+Shift+Ctrl+B 组合键），释放混合对象，效果如图 5-41 所示。

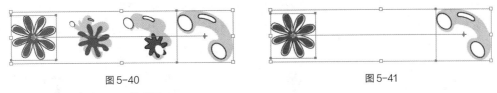

图 5-40　　　　　　　　　　　　　　　图 5-41

◎ 使用"混合选项"对话框

选择选择工具 ，选取要进行混合的对象，如图 5-42 所示。选择"对象 > 混合 > 混合选项"命令，弹出"混合选项"对话框。在对话框的"间距"下拉列表中选择"平滑颜色"选项，可以使混合的颜色保持平滑，如图 5-43 所示。

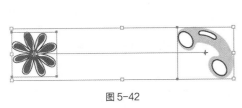

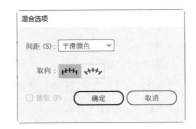

图 5-42　　　　　　　　　　　　　　　图 5-43

在"间距"下拉列表中选择"指定的步数"选项，可以设置混合对象的步骤数，如图 5-44 所示；在"间距"下拉列表中选择"指定的距离"选项，可以设置混合对象间的距离，如图 5-45 所示。

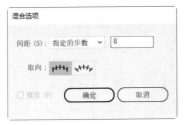

图 5-44　　　　　　　　　　　　　　　图 5-45

在对话框的"取向"选项组中有两个选项可以选择："对齐页面"选项和"对齐路径"选项，如图 5-46 所示。设置每个选项后，单击"确定"按钮。选择"对象 > 混合 > 建立"命令，将对象混合，效果如图 5-47 所示。

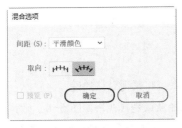

图 5-46　　　　　　　　　　　　　　　图 5-47

2. 混合的形状

"混合"命令可以将一种形状变形成另一种形状。

◎ 多个对象的混合变形

选择钢笔工具 ✐，在页面上绘制 4 个形状不同的对象，如图 5-48 所示。

选择混合工具 ✑，单击第 1 个对象，接着按照顺时针的方向，依次单击每个对象，这样每个对象都被混合了，效果如图 5-49 所示。

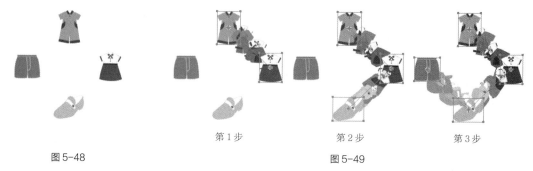

图 5-48　　　　　　　　　　第 1 步　　　　　　第 2 步　　　　　　第 3 步

图 5-49

◎ 绘制立体效果

选择钢笔工具 ✐，在页面上绘制灯笼的上底、下底和边缘线，如图 5-50 所示。选取灯笼的左右两条边缘线，如图 5-51 所示。

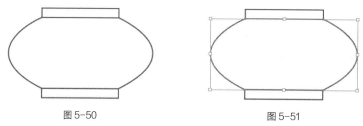

图 5-50　　　　　　　　　　　　　　　图 5-51

选择"对象 > 混合 > 混合选项"命令，弹出"混合选项"对话框，设置"指定的步数"文本框中的数值为 4，在"取向"选项组中选择"对齐页面"选项，如图 5-52 所示，单击"确定"按钮。选择"对象 > 混合 > 建立"命令，灯笼上面的立体竹竿即绘制完成，效果如图 5-53 所示。

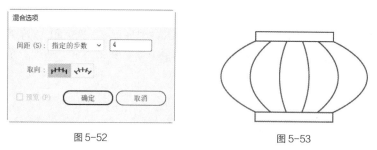

图 5-52　　　　　　　　　　　　　图 5-53

3. 编辑混合路径

在制作混合图形之前，需要修改混合选项的设置，否则系统将采用默认的设置建立混合图形。

混合得到的图形由混合路径相连接，自动创建的混合路径默认是直线，如图 5-54 所示，可以编辑这条混合路径。编辑混合路径可以添加、减少控制点，以及扭曲混合路径，也可将直角控制点转换为曲线控制点。

图 5-54

选择"对象 > 混合 > 混合选项"命令，弹出"混合选项"对话框，在"间距"选项组中包括 3 个选项，如图 5-55 所示。

● "平滑颜色"选项：用于按进行混合的两个图形的颜色和形状来确定混合的步数，为默认的选项，效果如图 5-56 所示。

图 5-55

图 5-56

● "指定的步数"选项：用于控制混合的步数。当"指定的步数"选项设置为 2 时，效果如图 5-57 所示；当"指定的步数"选项设置为 7 时，效果如图 5-58 所示。

图 5-57

图 5-58

● "指定的距离"选项：用于控制每一步混合的距离。当"指定的距离"选项设置为 25 时，效果如图 5-59 所示；当"指定的距离"选项设置为 2 时，效果如图 5-60 所示。

图 5-59

图 5-60

如果想要将混合图形与存在的路径结合，同时选取混合图形和外部路径，选择"对象 > 混合 > 替换混合轴"命令，可以替换混合图形中的混合路径，替换路径前后的效果对比如图 5-61 和图 5-62 所示。

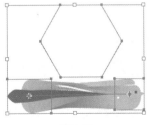

图 5-61

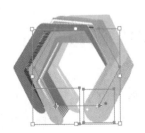

图 5-62

4．操作混合对象

◎ 改变混合图像的重叠顺序

选取混合图像，选择"对象 > 混合 > 反向堆叠"命令，混合图像的重叠顺序将被改变，改变前后的效果对比如图 5-63 和图 5-64 所示。

图 5-63   图 5-64

◎ 打散混合图像

选取混合图像，选择"对象 > 混合 > 扩展"命令，混合图像将被打散，打散后的前后效果对比如图 5-65 和图 5-66 所示。

图 5-65   图 5-66

5.1.5　【实战演练】制作店庆海报

使用矩形工具、钢笔工具、旋转工具和"透明度"控制面板制作背景效果，使用文字工具、"字符"控制面板、"复制"命令和填充工具添加标题文字，使用文字工具、"字符"控制面板、"段落"控制面板和椭圆工具添加其他相关信息，使用矩形工具、倾斜工具绘制装饰图形。最终效果参看云盘中的"Ch05 > 效果 > 制作店庆海报 .ai"，如图 5-67 所示。

图 5-67

制作店庆
海报1

制作店庆
海报2

5.2　制作促销海报

5.2.1　【案例分析】

晒潮流是一个为年轻消费者提供服饰商品及售后服务的电商平台。现"双 11"来临之际，需要为平台设计一张促销海报，要求突出本次活动的优惠力度。

5.2.2　【设计理念】

　　海报以蓝紫色的渐变图案和装饰图形叠加作为背景，渲染热闹的氛围；立体化的亮色文字直观醒目，突出宣传主题，瞬间抓住人们的视线；下方详细的活动介绍便于人们更好地了解促销力度，加强了宣传效果。最终效果参看云盘中的"Ch05 > 效果 > 制作促销海报 .ai"，如图 5-68 所示。

制作促销
海报

图 5-68

5.2.3　【操作步骤】

　　（1）打开 Illustrator CC 2019，按 Ctrl+O 组合键，打开云盘中的"Ch05 > 素材 > 制作促销海报 > 01"文件，效果如图 5-69 所示。

　　（2）选择文字工具 T，在页面中分别输入需要的文字。选择选择工具 ▶，在属性栏中分别选择合适的字体并设置文字大小，填充文字为白色，效果如图 5-70 所示。

图 5-69

图 5-70

　　（3）选取文字"双 11"，按 Ctrl+T 组合键，弹出"字符"控制面板。将"水平缩放"选项 T，设为 106%，其他选项的设置如图 5-71 所示。按 Enter 键确定操作，效果如图 5-72 所示。

图 5-71

图 5-72

（4）选择文字工具 T，在数字"11"中间单击插入光标，如图 5-73 所示。在"字符"控制面板中，将"设置两个字符间的字距微调"选项 VA 设为 -70，其他选项的设置如图 5-74 所示。按 Enter 键确定操作，效果如图 5-75 所示。

图 5-73　　　　　　　　图 5-74　　　　　　　　图 5-75

（5）选择选择工具 ▶，用框选的方法将输入的文字同时选取，如图 5-76 所示。选择"对象 > 封套扭曲 > 用变形建立"命令，在弹出的"变形选项"对话框中进行设置，如图 5-77 所示。单击"确定"按钮，文字的变形效果如图 5-78 所示。

图 5-76　　　　　　　　图 5-77　　　　　　　　图 5-78

（6）按 Ctrl+C 组合键，复制文字；按 Ctrl+B 组合键，将复制的文字贴在后面。选择"对象 > 扩展"命令，弹出"扩展"对话框，如图 5-79 所示。单击"确定"按钮，扩展图形，并将其微调至适当的位置，效果如图 5-80 所示。

（7）双击渐变工具 ■，弹出"渐变"控制面板。单击"线性渐变"按钮 ■，在色带上设置 5 个渐变滑块，分别将渐变滑块的位置设为 0、28、67、89、100，并设置 C、M、Y、K 的值分别为 0 处（0、0、86、0）、28 处（0、22、100、0）、67 处（0、52、84、0）、89 处（2、73、84、0）、100 处（2、91、83、0），其他选项的设置如图 5-81 所示。图形被填充为渐变色，效果如图 5-82 所示。

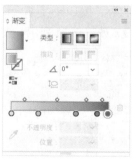

图 5-79　　　　　　图 5-80　　　　　　图 5-81　　　　　　图 5-82

（8）选择"效果 > 模糊 > 高斯模糊"命令，在弹出的对话框中进行设置，如图 5-83 所示。单击"确定"按钮，效果如图 5-84 所示。

（9）选择文字工具 T，在适当的位置输入需要的文字。选择选择工具 ▶，在属性栏中选择合适的字体并设置文字大小，填充文字为白色，效果如图 5-85 所示。

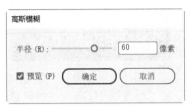

图 5-83   图 5-84   图 5-85

（10）选择圆角矩形工具 ▢，在页面中单击鼠标左键，弹出"圆角矩形"对话框，选项的设置如图 5-86 所示，单击"确定"按钮，出现一个圆角矩形。选择选择工具 ▶，拖曳圆角矩形到适当的位置，效果如图 5-87 所示。设置图形填充色为土黄色（其 C、M、Y、K 值分别为 4、25、74、0），填充图形，并设置描边色为无，效果如图 5-88 所示。

图 5-86   图 5-87   图 5-88

（11）选择圆角矩形工具 ▢，在页面中单击鼠标左键，弹出"圆角矩形"对话框，选项的设置如图 5-89 所示，单击"确定"按钮，出现一个圆角矩形。选择选择工具 ▶，拖曳圆角矩形到适当的位置，设置图形描边色为土黄色（其 C、M、Y、K 值分别为 4、25、74、0），填充描边，效果如图 5-90 所示。

图 5-89   图 5-90

（12）选择"窗口 > 描边"命令，弹出"描边"控制面板，勾选"虚线"复选框，数值框被激活，各选项的设置如图 5-91 所示。按 Enter 键确定操作，效果如图 5-92 所示。

（13）选择文字工具 T，在适当的位置分别输入需要的文字。选择选择工具 ▶，在属性栏中分别选择合适的字体并设置文字大小，填充文字为白色，效果如图 5-93 所示。

图 5-91	图 5-92	图 5-93

（14）选取文字"活动……11.10"，在"字符"控制面板中，将"设置所选字符的字距调整"选项 ⅤA 设为 80，其他选项的设置如图 5-94 所示。按 Enter 键确定操作，效果如图 5-95 所示。设置文字填充色为紫色（其 C、M、Y、K 值分别为 80、100、0、60），填充文字，效果如图 5-96 所示。

图 5-94	图 5-95	图 5-96

（15）选取文字"本店……开售"，在"字符"控制面板中，将"设置所选字符的字距调整"选项 ⅤA 设为 40，其他选项的设置如图 5-97 所示。按 Enter 键确定操作，效果如图 5-98 所示。

（16）选择文字工具 T，在适当的位置输入需要的文字。选择选择工具 ▶，在属性栏中选择合适的字体并设置文字大小。单击"居中对齐"按钮 ，使文本居中对齐，填充文字为白色，效果如图 5-99 所示。

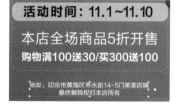

图 5-97	图 5-98	图 5-99

（17）在"字符"控制面板中，将"设置所选字符的字距调整"选项 ⅤA 设为 180，其他选项的设置如图 5-100 所示。按 Enter 键确定操作，效果如图 5-101 所示。促销海报制作完成，效果如图 5-102 所示。

图 5-100　　　　　　　　　　图 5-101　　　　　　　　　　图 5-102

5.2.4　【相关工具】

1. 创建封套

当需要使用封套来改变对象的形状时，可以应用程序所预设的封套图形，或者使用网格工具调整对象，还可以使用自定义图形作为封套。但是，该图形必须处于所有对象的最上层。

（1）从应用程序预设的形状创建封套

选中对象，选择"对象 > 封套扭曲 > 用变形建立"命令（或按 Alt+Shift+Ctrl+W 组合键），弹出"变形选项"对话框，如图 5-103 所示。

在"样式"下拉列表中提供了 15 种封套类型，如图 5-104 所示，可根据需要选择。

"水平"选项和"垂直"选项用于设置指定封套类型的放置位置。选定一个选项，在"弯曲"选项中设置对象的弯曲程度，可以设置应用封套类型在水平或垂直方向上的比例。勾选"预览"复选框，可预览设置的封套效果。设置完成后，单击"确定"按钮，将设置好的封套应用到选定的对象中，图形应用封套前后的对比效果如图 5-105 所示。

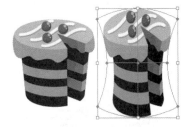

图 5-103　　　　　　　　　　图 5-104　　　　　　　　　　图 5-105

（2）使用网格建立封套

选中对象，选择"对象 > 封套扭曲 > 用网格建立"命令（或按 Alt+Ctrl+M 组合键），弹出"封套网格"对话框。"行数"和"列数"数值框用于输入网格的行数和列数，如图 5-106 所示。单击"确定"按钮，设置完成的网格封套将应用到选定的对象中，如图 5-107 所示。

设置完成的网格封套还可以通过网格工具 ▦ 进行编辑。选择网格工具 ▦，单击网格封套对象，即可增加对象上的网格数，如图 5-108 所示。在按住 Alt 键的同时，单击对象上的网格点和网格线，可以减少网格封套的行数和列数。用网格工具  拖曳网格点可以改变对象的形状，如图 5-109 所示。

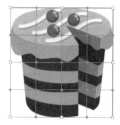
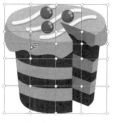
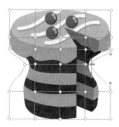

图 5-106　　　　　　图 5-107　　　　　　图 5-108　　　　　　图 5-109

（3）使用路径建立封套

同时选中对象和想要用来作为封套的路径（这时封套路径必须处于所有对象的最上层），如图 5-110 所示。选择"对象 > 封套扭曲 > 用顶层对象建立"命令（或按 Alt+Ctrl+C 组合键），使用路径创建的封套效果如图 5-111 所示。

图 5-110　　　　　　　　　　　　　　　　图 5-111

2. 编辑封套

用户可以对创建的封套进行编辑。由于创建的封套是将封套和对象组合在一起的，所以，既可以编辑封套，也可以编辑对象，但是两者不能同时编辑。

◎ 编辑封套形状

选择选择工具 ▶，选取一个含有对象的封套。选择"对象 > 封套扭曲 > 用变形重置"命令或"用网格重置"命令，弹出"变形选项"对话框或"重置封套网格选项"对话框。这时，可以根据需要重新设置封套类型，效果如图 5-112 和图 5-113 所示。

选择直接选择工具 ▷ 或使用网格工具  可以拖动封套上的锚点进行编辑。还可以使用变形工具 ◼ 对封套进行扭曲变形，效果如图 5-114 所示。

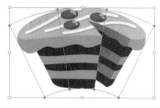

图 5-112　　　　　　图 5-113　　　　　　图 5-114

◎ 编辑封套内的对象

选择选择工具 ▶，选取含有封套的对象，如图 5-115 所示。选择"对象 > 封套扭曲 > 编辑内容"命令（或按 Shift+Ctrl+V 组合键），对象将会显示原来的选择框，如图 5-116 所示。这时在"图层"

控制面板中的"封套"图层左侧将显示一个右向箭头，这表示可以修改封套中的内容，如图 5-117 所示。

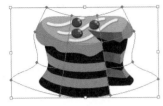

图 5-115

图 5-116

图 5-117

3．设置封套属性

可以对封套进行设置，使封套更加符合图形绘制的要求。

选择一个封套对象，选择"对象 > 封套扭曲 > 封套选项"命令，弹出"封套选项"对话框，如图 5-118 所示。

勾选"消除锯齿"复选框，可以在使用封套变形的时候防止锯齿的产生，保持图形的清晰度。在编辑非直角封套时，可以选择"剪切蒙版"和"透明度"两种方式保护图形。"保真度"选项用于设置封套的保真度。当勾选"扭曲外观"复选框后，对象将具有外观属性，如应用了特殊效果，对象也将随之发生扭曲变形。同时，"扭曲线性渐变填充"和"扭曲图案填充"复选框将被激活，它们分别用于扭曲对象的直线渐变填充和图案填充。

图 5-118

4．"模糊"效果

"模糊"效果组（见图 5-119）用于削弱相邻像素之间的对比度，使图像达到柔化的效果。

图 5-119

◎ "径向模糊"命令

选择"径向模糊"命令可以使图像产生旋转或运动的效果，模糊的中心位置可以任意调整。

选中图片，如图 5-120 所示。选择"效果 > 模糊 > 径向模糊"命令，在弹出的"径向模糊"对话框中进行设置，如图 5-121 所示。单击"确定"按钮，图像效果如图 5-122 所示。

图 5-120

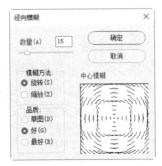

图 5-121

图 5-122

◎ "特殊模糊" 命令

选择 "特殊模糊" 命令可以使图像背景产生模糊效果，可以用来制作柔化效果。

选中图片，如图 5-123 所示。选择 "效果 > 模糊 > 特殊模糊" 命令，在弹出的 "特殊模糊" 对话框中进行设置，如图 5-124 所示。单击 "确定" 按钮，效果如图 5-125 所示。

图 5-123   图 5-124   图 5-125

◎ "高斯模糊" 命令

选择 "高斯模糊" 命令可以使图像变得柔和、效果模糊，可以用来制作倒影或投影。

选中图像，如图 5-126 所示。选择 "效果 > 模糊 > 高斯模糊" 命令，在弹出的 "高斯模糊" 对话框中进行设置，如图 5-127 所示。单击 "确定" 按钮，图像效果如图 5-128 所示。

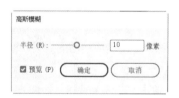

图 5-126   图 5-127   图 5-128

5.2.5 【实战演练】制作音乐节海报

使用添加锚点工具和锚点工具添加并编辑锚点；使用极坐标网格工具、渐变工具、"用网格建立" 命令和直接选择工具制作装饰图形；使用矩形工具、"用变形建立" 命令制作琴键。最终效果参看云盘中的 "Ch05 > 效果 > 制作音乐节海报 .ai"，如图 5-129 所示。

制作音乐节
海报

图 5-129

5.3 综合演练——制作手机促销海报

5.3综合演练　　制作手机
促销海报

5.4 综合演练——制作阅读平台推广海报

5.4综合演练　　制作阅读平
台推广海报

06

第 6 章
Banner 设计

Banner 是提高品牌转化的重要表现形式，Banner 设计对于产品推广和企业运营至关重要。本章通过设计制作多种题材的 Banner，讲解 Banner 的设计方法和制作技巧。

课堂学习目标

- 熟悉 Banner 的设计思路和过程
- 掌握制作 Banner 的相关工具的用法
- 掌握 Banner 的制作方法和技巧

Banner 设计

6.1 制作汽车广告 Banner

6.1.1 【案例分析】

本案例是制作一款汽车广告 Banner。这是一款新型跑车。要求设计以宣传新车为主题，时尚大气，展现品牌品质。

6.1.2 【设计理念】

Banner 以灰白色调作为背景，衬托出产品低调奢华的特点；宣传文字选用渐变色彩，丰富了画面的空间效果；右上角的产品参数能让客户更了解汽车的性能，凸显商家的诚意。最终效果参看云盘中的"Ch06 > 效果 > 制作汽车广告 Banner.ai"，如图 6-1 所示。

制作汽车广告 Banner1

制作汽车广告 Banner2

图 6-1

6.1.3 【操作步骤】

1. 制作背景效果

（1）打开 Illustrator CC 2019，按 Ctrl+N 组合键，弹出"新建文档"对话框，设置文档的宽度为 900 px，高度为 500 px，取向为横向，颜色模式为 RGB，单击"创建"按钮，新建一个文档。

（2）选择"文件 > 置入"命令，弹出"置入"对话框。选择云盘中的"Ch06 > 素材 > 制作汽车广告 Banner > 01"文件，单击"置入"按钮，在页面中单击置入图片。单击属性栏中的"嵌入"按钮，嵌入图片。选择选择工具 ▶，拖曳图片到适当的位置，效果如图 6-2 所示。按 Ctrl+2 组合键，锁定所选对象。选择矩形工具 ▢，在适当的位置绘制一个矩形，效果如图 6-3 所示。

图 6-2

图 6-3

（3）选择直接选择工具 ▷，选取右下角的锚点，向左拖曳锚点到适当的位置，效果如图 6-4 所示。选择添加锚点工具 ✎，在矩形斜边适当的位置分别单击鼠标左键，添加 2 个锚点，如图 6-5 所示。

图 6-4　　　　　　　　　　　　　图 6-5

（4）选择直接选择工具 ▷，选中并向右拖曳一个锚点到适当的位置，效果如图 6-6 所示。用相同的方法调整另外一个锚点，效果如图 6-7 所示。

图 6-6　　　　　　　　　　　　　图 6-7

（5）选择矩形工具 □，在适当的位置绘制一个矩形，如图 6-8 所示。选择钢笔工具 ✎，在矩形右边中间的位置单击鼠标左键，添加一个锚点，如图 6-9 所示。分别在上下两端不需要的锚点上单击鼠标左键，删除锚点，效果如图 6-10 所示。

图 6-8　　　　　　　图 6-9　　　　　　　图 6-10

（6）选择选择工具 ▶，在按住 Shift 键的同时，单击下方图形将其同时选取，如图 6-11 所示。选择"窗口 > 路径查找器"命令，弹出"路径查找器"控制面板，单击"减去顶层"按钮 ▣，如图 6-12 所示。生成新的对象，效果如图 6-13 所示。

（7）保持图形选取状态。设置填充色为浅灰色（其 R、G、B 的值分别为 247、248、248），填充图形，并设置描边色为无，效果如图 6-14 所示。

（8）选择钢笔工具 ✎，在适当的位置绘制一条折线，设置描边色为浅灰色（其 R、G、B 的值分别为 247、248、248），填充描边，如图 6-15 所示。在属性栏中将"描边粗细"选项设置为 3 pt，按 Enter 键确定操作，效果如图 6-16 所示。

图 6-11

图 6-12

图 6-13

图 6-14

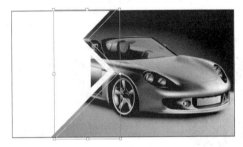
图 6-15

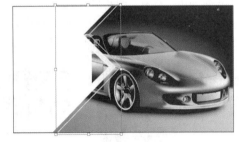
图 6-16

（9）选择选择工具，在按住 Alt+Shift 组合键的同时，水平向右拖曳折线到适当的位置，复制折线，效果如图 6-17 所示。连续按 Ctrl+D 组合键，再复制出多条折线，效果如图 6-18 所示。

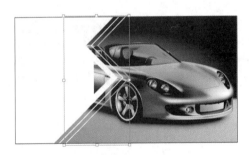
图 6-17

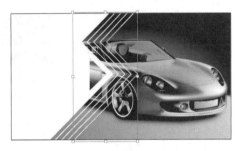
图 6-18

（10）在属性栏中将"描边粗细"选项设置为 0.5 pt，按 Enter 键确定操作，效果如图 6-19 所示。用相同的方法设置其他折线描边粗细，效果如图 6-20 所示。

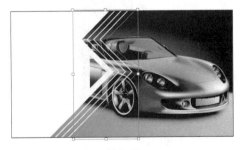
图 6-19

图 6-20

2．添加广告信息

（1）选择文字工具 T，在适当的位置输入需要的文字。选择选择工具，在属性栏中选择合适的字体并设置文字大小，效果如图 6-21 所示。选择"文字 > 创建轮廓"命令，将文字转换为轮廓，效果如图 6-22 所示。

（2）双击渐变工具▣，弹出"渐变"控制面板。单击"线性渐变"按钮▣，在色带上设置两个渐变滑块，分别将渐变滑块的位置设为 0、100，并设置 R、G、B 的值分别为 0 处（162、123、217）、100 处（61、74、185），其他选项的设置如图 6-23 所示，文字被填充为渐变色，并设置描边色为无，效果如图 6-24 所示。

（3）选择选择工具▶，按 Ctrl+C 组合键，复制文字；按 Ctrl+B 组合键，将复制的文字粘贴在后面。按→和↓方向键，微调复制的文字到适当的位置，效果如图 6-25 所示。按 Shift+X 组合键，互换填色和描边，效果如图 6-26 所示。

图 6-21

图 6-22

图 6-23

图 6-24 图 6-25 图 6-26

（4）选择文字工具 T，在适当的位置分别输入需要的文字。选择选择工具▶，在属性栏中分别选择合适的字体并设置文字大小，效果如图 6-27 所示。将输入的文字同时选取，设置填充色为蓝色（其 R、G、B 的值分别为 61、74、185），填充文字，效果如图 6-28 所示。

图 6-27

图 6-28

（5）选择文字工具 T，选取英文"UPGRADE"，设置填充色为深蓝色（其 R、G、B 的值分别为 44、37、75），填充文字，效果如图 6-29 所示。

（6）选择选择工具 ▶，选取英文"EX……ON"。按 Ctrl+T 组合键，弹出"字符"控制面板，将"设置所选字符的字距调整"选项 ⅤA 设为 −60，其他选项的设置如图 6-30 所示。按 Enter 键确认操作，效果如图 6-31 所示。

图 6-29   图 6-30   图 6-31

（7）按 Ctrl+C 组合键，复制文字；按 Ctrl+B 组合键，将复制的文字粘贴在后面。按 → 和 ↓ 方向键，微调复制的图形到适当的位置，效果如图 6-32 所示。设置填充色为紫色（其 R、G、B 的值分别为 162、123、217），填充文字，效果如图 6-33 所示。

图 6-32   图 6-33

（8）选择文字工具 T，在适当的位置输入需要的文字。选择选择工具 ▶，在属性栏中选择合适的字体并设置文字大小，效果如图 6-34 所示。设置填充色为深蓝色（其 R、G、B 的值分别为 44、37、75），填充文字，效果如图 6-35 所示。

图 6-34   图 6-35

（9）在"字符"控制面板中，将"设置行距"选项 ⅠА 设为 39 pt，其他选项的设置如图 6-36 所示。按 Enter 键确定操作，效果如图 6-37 所示。

（10）选择矩形工具 ▢，在适当的位置绘制一个矩形，效果如图 6-38 所示。选择直接选择工具 ▷，选取右下角的锚点，并向左拖曳锚点到适当的位置，效果如图 6-39 所示。

图6-36

图6-37

图6-38

图6-39

（11）选择吸管工具 ✐，将吸管图标✐放置在上方渐变文字上，如图6-40所示。单击鼠标左键吸取属性，效果如图6-41所示。

图6-40

图6-41

（12）按Ctrl+[组合键，将图形向后移一层，效果如图6-42所示。选择文字工具 **T**，选取文字"XX4S店"，设置填充色为浅灰色（其R、G、B的值分别为247、248、248），填充文字，如图6-43所示。

图6-42

图6-43

（13）选择矩形网格工具 ⌗，在页面中单击鼠标，弹出"矩形网格工具选项"对话框。在对话框中进行设置，如图6-44所示。单击"确定"按钮，得到一个矩形网格。选择选择工具 ▶，拖曳矩形网格到适当的位置，设置描边色为浅灰色（其R、G、B的值分别为247、248、248），填充描边，效果如图6-45所示。

图 6-44

图 6-45

（14）选择编组选择工具 ，选取需要的垂直网格线，如图 6-46 所示。水平向右拖曳到适当的位置，效果如图 6-47 所示。

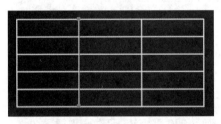

图 6-46

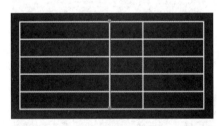

图 6-47

（15）用相同方法调整另一条垂直网格线，效果如图 6-48 所示。选择文字工具 **T**，在网格中分别输入需要的文字。选择选择工具 ▶，在属性栏中分别选择合适的字体并设置文字大小。将输入的文字同时选取，设置填充色为浅灰色（其 R、G、B 的值分别为 247、248、248），填充文字，如图 6-49 所示。

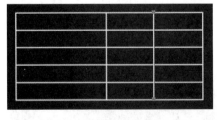

图 6-48

图 6-49

（16）选择椭圆工具 ◯，在按住 Shift 键的同时，在适当的位置绘制一个圆形，设置填充色为浅灰色（其 R、G、B 的值分别为 247、248、248），填充图形，并设置描边色为无，效果如图 6-50 所示。

（17）选择选择工具 ▶，在按住 Alt+Shift 组合键的同时，水平向右拖曳圆形到适当的位置，复制圆形，效果如图 6-51 所示。

图 6-50

图 6-51

（18）选择选择工具 ▶ ，在按住 Shift 键的同时，单击原图形将其同时选取。在按住 Alt+Shift 组合键的同时，垂直向下拖曳圆形到适当的位置，复制圆形，效果如图 6-52 所示。连续 2 次按 Ctrl+D 组合键，再复制出 2 组圆形，效果如图 6-53 所示。

规格配置	20S	20X
自动天窗	●	●
自动泊入车位	●	●
ABS防抱死		
夜视系统		

图 6-52

规格配置	20S	20X
自动天窗	●	●
自动泊入车位	●	●
ABS防抱死	●	●
夜视系统	●	●

图 6-53

（19）选择选择工具 ▶ ，在按住 Shift 键的同时，选取不需要的圆形，如图 6-54 所示。按 Delete 键将其删除，效果如图 6-55 所示。

规格配置	20S	20X
自动天窗	●	●
自动泊入车位	●	●
ABS防抱死	●	●
夜视系统	●	●

图 6-54

规格配置	20S	20X
自动天窗	●	●
自动泊入车位	●	●
ABS防抱死	●	●
夜视系统		●

图 6-55

（20）选择直线段工具 ╱ ，在按住 Shift 键的同时，在适当的位置绘制一条直线，设置描边色为浅灰色（其 R、G、B 的值分别为 247、248、248），填充描边，效果如图 6-56 所示。

（21）选择选择工具 ▶ ，在按住 Alt 键的同时，向左下拖曳直线到适当的位置，复制直线，效果如图 6-57 所示。

规格配置	20S	20X
自动天窗	●	●
自动泊入车位	●	●—●
ABS防抱死	●	●
夜视系统		●

图 6-56

规格配置	20S	20X
自动天窗	●	●
自动泊入车位	●	—
ABS防抱死	●	●
夜视系统	●—●	●

图 6-57

（22）选择文字工具 T ，在适当的位置输入需要的文字。选择选择工具 ▶ ，在属性栏中选择合适的字体并设置文字大小。设置填充色为浅灰色（其 R、G、B 的值分别为 247、248、248），填充文字，效果如图 6-58 所示。汽车广告 Banner 制作完成，效果如图 6-59 所示。

图 6-58

图 6-59

6.1.4 【相关工具】

1．绘制直线

◎ 拖曳鼠标绘制直线

选择直线段工具，在页面中需要的位置单击并按住鼠标左键不放，拖曳鼠标到需要的位置。释放鼠标左键，绘制出一条任意角度的斜线，效果如图 6-60 所示。

选择直线段工具，按住 Shift 键，在页面中需要的位置单击并按住鼠标左键不放，拖曳鼠标到需要的位置。释放鼠标左键，绘制出水平、垂直或 45° 角及其倍数的直线，效果如图 6-61 所示。

选择直线段工具，按住 Alt 键，在页面中需要的位置单击鼠标并按住鼠标左键不放，拖曳鼠标到需要的位置。释放鼠标左键，绘制出以鼠标单击点为中心的直线（由单击点向两边扩展）。

选择直线段工具，按住～键，在页面中需要的位置单击并按住鼠标左键不放，拖曳鼠标到需要的位置。释放鼠标左键，绘制出多条直线（系统自动设置），效果如图 6-62 所示。

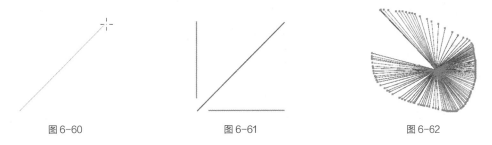

图 6-60　　　　　　　　　　图 6-61　　　　　　　　　　图 6-62

◎ 精确绘制直线

选择直线段工具，在页面中需要的位置单击鼠标，或双击直线段工具，都将弹出"直线段工具选项"对话框，如图 6-63 所示。在对话框中，"长度"文本框用于设置线段的长度，"角度"文本框用于设置线段的倾斜度，勾选"线段填色"复选框可以填充直线组成的图形。设置完成后，单击"确定"按钮，得到图 6-64 所示的直线。

图 6-63

图 6-64

2. 绘制矩形网格

◎ 拖曳鼠标绘制矩形网格

选择矩形网格工具█，在页面中需要的位置单击并按住鼠标左键不放，拖曳鼠标到需要的位置。释放鼠标左键，绘制出一个矩形网格，效果如图 6-65 所示。

选择矩形网格工具█，按住 Shift 键，在页面中需要的位置单击并按住鼠标左键不放，拖曳鼠标到需要的位置。释放鼠标左键，绘制出一个正方形网格，效果如图 6-66 所示。

选择矩形网格工具█，按住 ～ 键，在页面中需要的位置单击并按住鼠标左键不放，拖曳鼠标到需要的位置。释放鼠标左键，绘制出多个矩形网格，效果如图 6-67 所示。

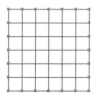
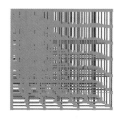

图 6-65　　　　　　　　　图 6-66　　　　　　　　　图 6-67

> **提示**　选择矩形网格工具█，在页面中需要的位置单击并按住鼠标左键不放，拖曳鼠标到需要的位置，再按住键盘上方向键中的向上移动键，可以增加矩形网格的行数。如果按住键盘上方向键中的向下移动键，则可以减少矩形网格的行数。

◎ 精确绘制矩形网格

选择矩形网格工具█，在页面中需要的位置单击，或双击矩形网格工具█，都将弹出"矩形网格工具选项"对话框，如图 6-68 所示。在对话框的"默认大小"选项组中，"宽度"文本框用于设置矩形网格的宽度，在"高度"文本框用于设置矩形网格的高度。在"水平分隔线"选项组中，在"数量"文本框用于设置矩形网格中水平网格线的数量，"倾斜"选项用于设置水平网格的倾向。在"垂直分隔线"选项组中，在"数量"文本框用于设置矩形网格中垂直网格线的数量。"倾斜"选项用于设置垂直网格的倾向。设置完成后，单击"确定"按钮，得到图 6-69 所示的矩形网格。

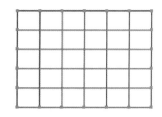

图 6-68　　　　　　　　　　　　　　　　　图 6-69

3．增加、删除、转换锚点

用鼠标左键按住钢笔工具 ✐ 不放，将展开钢笔工具组，如图 6-70 所示。利用钢笔工具组可完成以下操作。

◎ 添加锚点

绘制一段路径，如图 6-71 所示。选择添加锚点工具 ✐⁺，在路径上面的任意位置单击，路径上就会增加一个新的锚点，如图 6-72 所示。

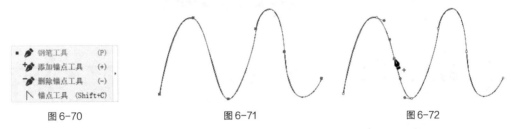

✐ 钢笔工具	(P)
✐⁺ 添加锚点工具	(+)
✐⁻ 删除锚点工具	(-)
⌐ 锚点工具	(Shift+C)

图 6-70   图 6-71   图 6-72

◎ 删除锚点

绘制一段路径，如图 6-73 所示。选择删除锚点工具 ✐⁻，在路径上面的任意一个锚点上单击，该锚点就会被删除，如图 6-74 所示。

图 6-73   图 6-74

◎ 转换锚点

绘制一段闭合的圆形路径，如图 6-75 所示。选择锚点工具 ⌐，单击路径上的锚点，锚点就会被转换，如图 6-76 所示。拖曳锚点可以编辑路径的形状，效果如图 6-77 所示。

图 6-75   图 6-76   图 6-77

6.1.5　【实战演练】制作电商平台 App 的 Banner

使用矩形工具、添加锚点工具、直接选择工具、锚点工具、渐变工具和"置入"命令制作底图，使用文字工具、圆角矩形工具添加宣传性文字，使用"不透明度"选项制作半透明效果。最终效果参看云盘中的"Ch06 > 效果 > 制作电商平台 App 的 Banner.ai"，如图 6-78 所示。

制作电商
平台App的
Banner

图 6-78

6.2 制作美妆类 App 的 Banner

6.2.1 【案例分析】

本案例是为某美妆类 App 制作一款 Banner。要求设计着重宣传商品特色，风格清爽干净，并注明活动信息。

6.2.2 【设计理念】

Banner 的背景使用黄色色调，营造烈日骄阳的氛围，符合活动主题；插画元素的点缀为画面增添了趣味；简洁的文字用于说明产品特色和活动信息；立体的产品造型图片醒目突出，吸引顾客关注。最终效果参看云盘中的"Ch06 > 效果 > 制作美妆类 App 的 Banner.ai"，如图 6-79 所示。

制作美妆
类App的
Banner

图 6-79

6.2.3 【操作步骤】

（1）打开 Illustrator CC 2019，按 Ctrl+N 组合键，弹出"新建文档"对话框，设置文档的宽度为 750 px，高度为 360 px，取向为横向，颜色模式为 RGB，单击"创建"按钮，新建一个文档。

（2）选择矩形工具 ▢，绘制一个与页面大小相等的矩形，设置填充色为橘黄色（其 R、G、B 的值分别为 255、195、52），填充图形，并设置描边色为无，效果如图 6-80 所示。

（3）选择椭圆工具 ○，在按住 Shift 键的同时，在适当的位置绘制一个圆形，填充图形为白色，并设置描边色为无，效果如图 6-81 所示。

（4）选择直接选择工具 ▷，在按住 Shift 键的同时，依次单击需要的锚点，如图 6-82 所示。按 Delete 键，删除选中的锚点及路径，效果如图 6-83 所示。填充描边为黑色，效果如图 6-84 所示。

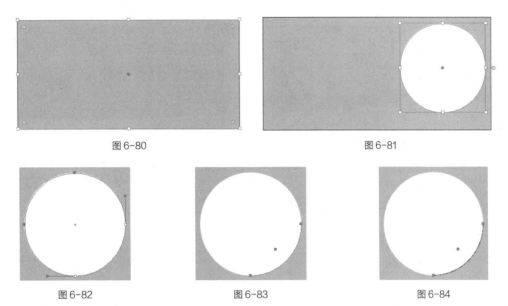

图 6-80　　　　　　　　　　　　　　图 6-81

图 6-82　　　　　　　　　　图 6-83　　　　　　　　　　图 6-84

（5）选择"窗口 > 描边"命令，弹出"描边"控制面板。单击"端点"选项中的"圆头端点"
按钮 ，其他选项的设置如图 6-85 所示。按 Enter 键，效果如图 6-86 所示。

图 6-85　　　　　　　　　　　　　　图 6-86

（6）选择钢笔工具 ，在适当的位置绘制一个不规则图形，如图 6-87 所示。设置填充色为浅
黄色（其 R、G、B 的值分别为 255、220、31），填充图形，并设置描边色为无，效果如图 6-88 所示。

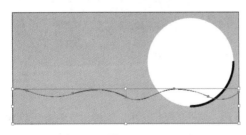

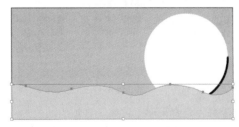

图 6-87　　　　　　　　　　　　　　图 6-88

（7）按 Ctrl+O 组合键，打开云盘中的"Ch06 > 素材 > 制作美妆类 App 的 Banner > 01"文
件。选择选择工具 ，选取需要的图形。按 Ctrl+C 组合键，复制图形。选择正在编辑的页面，按
Ctrl+V 组合键，将其粘贴到页面中，并拖曳复制的图形到适当的位置，效果如图 6-89 所示。

（8）选择"文件 > 置入"命令，弹出"置入"对话框，选择云盘中的"Ch06 > 素材 > 制作美
妆类 App 的 Banner > 02"文件，单击"置入"按钮，在页面中单击置入图片。单击属性栏中的"嵌
入"按钮，嵌入图片。选择选择工具 ，拖曳图片到适当的位置，效果如图 6-90 所示。

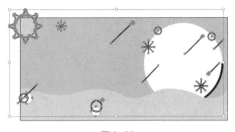

图 6-89

图 6-90

（9）选择"效果 > 风格化 > 投影"命令，在弹出的对话框中进行设置，如图 6-91 所示。单击"确定"按钮，效果如图 6-92 所示。

图 6-91

图 6-92

（10）选择文字工具 T，在页面中分别输入需要的文字。选择选择工具 ▶，在属性栏中分别选择合适的字体并设置文字大小，效果如图 6-93 所示。选取文字"活动……60 份"，填充文字为白色，效果如图 6-94 所示。

图 6-93

图 6-94

（11）选择矩形工具 ▢，在适当的位置绘制一个矩形，如图 6-95 所示。选择添加锚点工具 ✎，分别在矩形上边适当的位置单击鼠标左键，添加 2 个锚点，如图 6-96 所示。

图 6-95

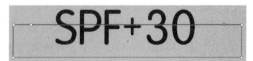

图 6-96

（12）选择直接选择工具 ▷，单击选择需要的线段，如图 6-97 所示。按 Delete 键将其删除，效果如图 6-98 所示。

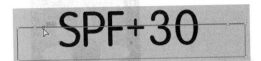

图 6-97 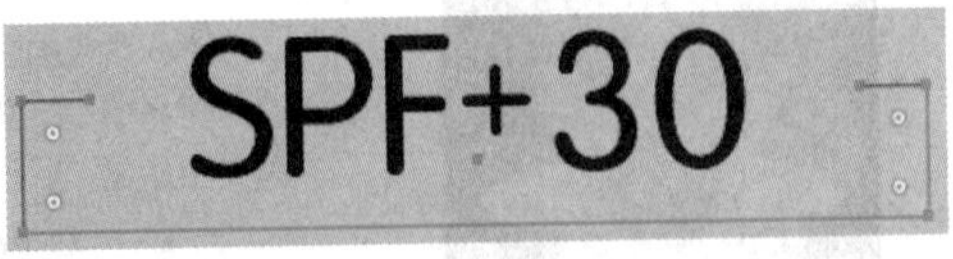　　　　　　　　　　　图 6-98

（13）选择选择工具 ▶，选取图形，如图 6-99 所示，填充描边为白色。在"描边"控制面板中，单击"端点"选项中的"圆头端点"按钮 ，其他选项的设置如图 6-100 所示。按 Enter 键，效果如图 6-101 所示。美妆类 App 的 Banner 制作完成，效果如图 6-102 所示。

图 6-99

图 6-100

图 6-102

图 6-101

6.2.4　【相关工具】

1. "风格化"效果

利用"风格化"子菜单中的命令可以快速地向图像添加内发光、投影等效果，如图 6-103 所示。

图 6-103

◎ "内发光"命令

选择"内发光"命令可以在对象的内部创建发光的外观效果。选中要添加内发光效果的对象，如图 6-104 所示。选择"效果 > 风格化 > 内发光"命令，在弹出的"内发光"对话框中设置数值，如图 6-105 所示。单击"确定"按钮，对象的内发光效果如图 6-106 所示。

图 6-104　　　　　　　　　　　图 6-105　　　　　　　　　　　图 6-106

◎ "圆角"命令

选择"圆角"命令可以为对象添加圆角效果。选中要添加圆角效果的对象，如图 6-107 所示。选择"效果 > 风格化 > 圆角"命令，在弹出的"圆角"对话框中设置数值，如图 6-108 所示。单击"确定"按钮，对象的效果如图 6-109 所示。

图 6-107　　　　　　　　　　　图 6-108　　　　　　　　　　　图 6-109

◎ "外发光"命令

选择"外发光"命令可以在对象的外部创建发光的外观效果。选中要添加外发光效果的对象，如图 6-110 所示。选择"效果 > 风格化 > 外发光"命令，在弹出的"外发光"对话框中设置数值，如图 6-111 所示。单击"确定"按钮，对象的外发光效果如图 6-112 所示。

图 6-110　　　　　　　　　　　图 6-111　　　　　　　　　　　图 6-112

◎ "投影"命令

选择"投影"命令可以为对象添加投影。选中要添加投影的对象，如图 6-113 所示。选择"效果 > 风格化 > 投影"命令，在弹出的"投影"对话框中设置数值，如图 6-114 所示。单击"确定"按钮，对象的投影效果如图 6-115 所示。

◎ "涂抹"命令

选择"涂抹"命令可以为对象添加涂抹效果。选中要添加涂抹效果的对象，如图 6-116 所示。选择"效果 > 风格化 > 涂抹"命令，在弹出的"涂抹选项"对话框中设置数值，如图 6-117 所示。

单击"确定"按钮，对象的涂抹效果如图 6-118 所示。

图 6-113　　　　　　　　　　　图 6-114　　　　　　　　　　　图 6-115

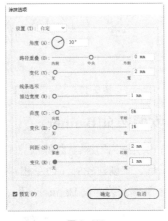

图 6-116　　　　　　　　　　　图 6-117　　　　　　　　　　　图 6-118

◎ "羽化"命令

选择"羽化"命令可以将对象的边缘从实心颜色逐渐向外过渡为无色。选中要羽化的对象，如图 6-119 所示。选择"效果 > 风格化 > 羽化"命令，在弹出的"羽化"对话框中设置数值，如图 6-120 所示。单击"确定"按钮，对象的羽化效果如图 6-121 所示。

图 6-119　　　　　　　　　　　图 6-120　　　　　　　　　　　图 6-121

2. 使用剪刀、美工刀工具

◎ 剪刀工具

绘制一段路径，如图 6-122 所示。选择剪刀工具 ✂，单击路径上任意一点，路径就会从单击的地方被剪切为两条路径，如图 6-123 所示。按键盘上方向键中的向下键，移动剪切的锚点，即可看到剪切后的效果，如图 6-124 所示。

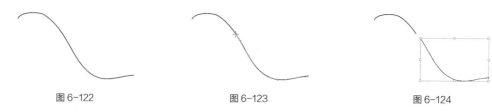

图 6-122　　　　　　　　　图 6-123　　　　　　　　　图 6-124

◎ 美工刀工具

绘制一段闭合路径，如图 6-125 所示。选择美工刀工具 ，在需要的位置单击并按住鼠标左键从路径的上方至下方拖曳出一条线，如图 6-126 所示。释放鼠标左键，闭合路径被裁切为两个闭合路径，效果如图 6-127 所示。选中路径的右半部，按键盘上方向键中的向右键，移动路径，如图 6-128 所示。可以看见路径被裁切为两部分，效果如图 6-129 所示。

图 6-125　　　　图 6-126　　　　图 6-127　　　　图 6-128　　　　图 6-129

6.2.5 【实战演练】制作女装网页 Banner

使用"置入"命令添加素材图片；使用文字工具、删除锚点工具、直接选择工具和"自由扭曲"命令制作"11.11"文字；使用文字工具、"创建轮廓"命令和"描边"控制面板添加标题文字。最终效果参看云盘中的"Ch06 > 效果 > 制作女装网页 Banner.ai"，如图 6-130 所示。

制作女装网页Banner

图 6-130

6.3 综合演练——制作家电网页 Banner

6.3综合演练

制作家电网页Banner

6.4 综合演练——制作洗衣机网页 Banner

6.4综合演练

制作洗衣机
网页Banner

07

第 7 章
书籍封面设计

　　精美的书籍封面设计可以引起观者的阅读兴趣。本章通过设计制作多个类别的书籍封面，介绍书籍封面的设计方法和制作技巧。

课堂学习目标

- ✓ 熟悉书籍封面的设计思路和过程
- ✓ 掌握制作书籍封面的相关工具的用法
- ✓ 掌握书籍封面的制作方法和技巧

7.1 制作少儿图书封面

7.1.1 【案例分析】

本案例是为一本少儿图书设计制作封面，书中主要为关注少儿成长的亲子内容。要求设计充满童趣，展示亲子关系，并对书的特色和卖点重点宣传。

7.1.2 【设计理念】

封面使用引人暇想的天空作为底图，搭配卡通化的亲子互动图片使封面看起来更加温馨，贴合主题；经过艺术化处理的书名文字也别具特色；封面下方的宣传文字选用黄色底色，使卖点更加醒目。最终效果参看云盘中的"Ch07 > 效果 > 制作少儿图书封面 .ai"，如图 7-1 所示。

图 7-1

制作少儿
图书封面1

制作少儿
图书封面2

制作少儿
图书封面3

7.1.3 【操作步骤】

1. 制作背景

（1）打开 Illustrator CC 2019，按 Ctrl+N 组合键，弹出"新建文档"对话框，设置文档的宽度为 310 mm，高度为 210 mm，取向为横向，出血为 3 mm，颜色模式为 CMYK，单击"创建"按钮，新建一个文档。

（2）按 Ctrl+R 组合键，显示标尺。选择选择工具 ▶，在左侧标尺上向右拖曳一条垂直参考线。选择"窗口 > 变换"命令，弹出"变换"控制面板，将"X"轴选项设为 150mm，如图 7-2 所示。按 Enter 键确定操作，效果如图 7-3 所示。

（3）保持参考线的选取状态，在"变换"控制面板中，将"X"轴选项设为 160mm，按 Alt+Enter 组合键确定操作，效果如图 7-4 所示。

图 7-2

图 7-3

图 7-4

（4）选择矩形工具 □，绘制一个与页面大小相等的矩形，如图 7-5 所示。设置填充色为蓝色（其 C、M、Y、K 的值分别为 85、51、5、0），填充图形，并设置描边色为无，效果如图 7-6 所示。

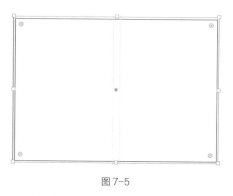
图 7-5

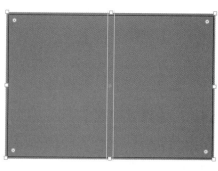
图 7-6

（5）选择网格工具 □，在矩形中适当的区域单击鼠标，为图形建立渐变网格对象，效果如图 7-7 所示。用相同的方法添加其他锚点，效果如图 7-8 所示。

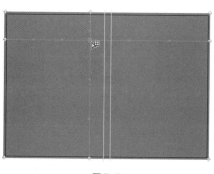
图 7-7

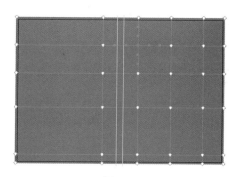
图 7-8

（6）选择直接选择工具 ▷，用框选的方法将需要的锚点同时选取，如图 7-9 所示。设置填充色为浅蓝色（其 C、M、Y、K 的值分别为 48、0、0、0），填充锚点，效果如图 7-10 所示。

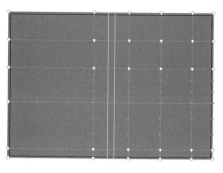
图 7-9

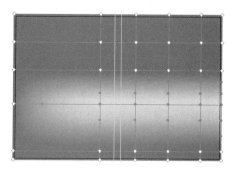
图 7-10

（7）使用直接选择工具 ▷，用框选的方法将需要的锚点同时选取，如图 7-11 所示。设置填充色为青色（其 C、M、Y、K 的值分别为 100、0、0、0），填充锚点，效果如图 7-12 所示。

（8）选择"文件 > 置入"命令，弹出"置入"对话框。选择云盘中的"Ch07 > 素材 > 制作少儿图书封面 > 01"文件，单击"置入"按钮，在页面中单击置入图片。单击属性栏中的"嵌入"按钮，嵌入图片。选择选择工具 ▶，拖曳图片到适当的位置，并调整其大小，效果如图 7-13 所示。

（9）使用选择工具▶，在按住 Alt+Shift 组合键的同时，水平向右拖曳图片到封底适当的位置，复制图片，效果如图 7-14 所示。

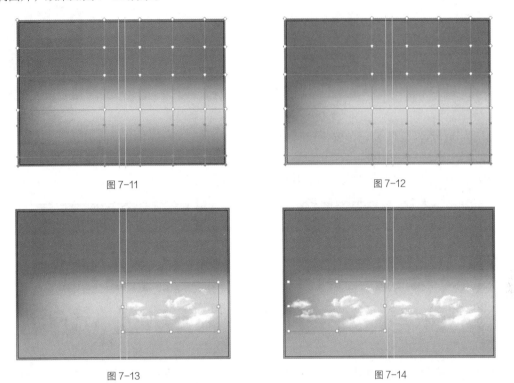

图 7-11　　　　　　　　　　　　　　　　　图 7-12

图 7-13　　　　　　　　　　　　　　　　　图 7-14

（10）选择矩形工具▢，在适当的位置绘制一个矩形，设置填充色为黄色（其 C、M、Y、K 的值分别为 0、0、91、0），填充图形，并设置描边色为无，效果如图 7-15 所示。选择直线段工具╱，在封面中绘制一条斜线，如图 7-16 所示，并填充描边为白色。

图 7-15　　　　　　　　　　　　　　　　　图 7-16

（11）选择"窗口 > 描边"命令，弹出"描边"控制面板，勾选"虚线"复选框，下方的文本框被激活，其余各选项的设置如图 7-17 所示，虚线效果如图 7-18 所示。

（12）选择星形工具☆，在页面中单击鼠标左键，弹出"星形"对话框，选项的设置如图 7-19 所示。单击"确定"按钮，出现一个星形。选择选择工具▶，拖曳星形到适当的位置，填充图形为白色，并设置描边色为无，效果如图 7-20 所示。

图 7-17

图 7-18

图 7-19

图 7-20

（13）选择选择工具 ▶，在按住 Shift 键的同时，单击下方虚线将其同时选取。在按住 Alt 键的同时，向下拖曳星形和虚线到适当的位置，复制星形和虚线，效果如图 7-21 所示。选中并拖曳虚线右上角的控制手柄到适当的位置，调整斜线长度，效果如图 7-22 所示。

图 7-21

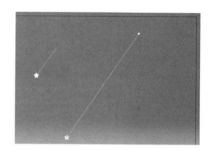

图 7-22

（14）用相同的方法复制星形和虚线到其他位置，并调整其大小，效果如图 7-23 所示。按 Ctrl+A 组合键，全选所有图形；按 Ctrl+2 组合键，锁定所选对象。

（15）按 Ctrl+O 组合键，打开云盘中的"Ch07 > 素材 > 制作少儿图书封面 > 02"文件。按 Ctrl+A 组合键，全选图形；按 Ctrl+C 组合键，复制图形。选择正在编辑的页面，按 Ctrl+V 组合键，将其粘贴到页面中，并拖曳复制的图形到适当的位置，效果如图 7-24 所示。

图 7-23

图 7-24

2. 制作封面

（1）选择文字工具 T，在页面外输入需要的文字。选择选择工具 ▶，在属性栏中选择合适的字体并设置文字大小，效果如图 7-25 所示。选择"文字 > 创建轮廓"命令，将文字转换为轮廓，效果如图 7-26 所示。按 Shift+Ctrl+G 组合键，取消文字编组。

图 7-25   图 7-26

（2）双击倾斜工具 ，弹出"倾斜"对话框，选择"水平"单选按钮，其他选项的设置如图 7-27 所示。单击"确定"按钮，倾斜文字，效果如图 7-28 所示。

图 7-27   图 7-28

（3）选择直接选择工具 ，在按住 Shift 键的同时，依次单击选取"点"文字下方需要的锚点，如图 7-29 所示。按 Delete 键，删除不需要的锚点，如图 7-30 所示。选择矩形工具 ，在适当的位置绘制一个矩形，如图 7-31 所示。

图 7-29   图 7-30   图 7-31

（4）选择选择工具 ，在按住 Shift 键的同时，单击下方"点"文字将其同时选取，如图 7-32 所示。选择"窗口 > 路径查找器"命令，弹出"路径查找器"控制面板，单击"减去顶层"按钮 ，如图 7-33 所示。生成新的对象，效果如图 7-34 所示。

图 7-32   图 7-33   图 7-34

（5）按 Shift+Ctrl+G 组合键，取消文字编组。选择选择工具 ，拖曳下方笔画到适当的位置，效果如图 7-35 所示。选择删除锚点工具 ，在右下角的锚点上单击鼠标左键，删除锚点，效果如

图 7-36 所示。

图 7-35 图 7-36

（6）选择直接选择工具 ▷，选取左下角的锚点，并向左下方拖曳锚点到适当的位置，效果如图 7-37 所示。用相同的方法选中并向左拖曳需要的锚点到适当的位置，效果如图 7-38 所示。

图 7-37 图 7-38

（7）使用直接选择工具 ▷，用框选的方法选取"点"文字需要的锚点。连续按↓方向键，调整选中的锚点到适当的位置，如图 7-39 所示。

（8）用框选的方法选取左侧的锚点，并向左拖曳锚点到适当的位置，效果如图 7-40 所示。选取左上角的锚点，并向右拖曳锚点到适当的位置，效果如图 7-41 所示。

图 7-39 图 7-40 图 7-41

（9）用相同的方法制作文字"亮""星"和"空"，效果如图 7-42 所示。

图 7-42

（10）选择选择工具 ▶，用框选的方法将"点亮星空"文字同时选取，拖曳文字到封面中适当的位置，并调整其大小，效果如图 7-43 所示。设置填充色为黄色（其 C、M、Y、K 的值分别为 0、0、91、0），填充文字，效果如图 7-44 所示。

图 7-43

图 7-44

（11）选择文字工具 T，在适当的位置分别输入需要的文字。选择选择工具 ▶，在属性栏中分别选择合适的字体并设置文字大小，填充文字为白色，效果如图 7-45 所示。选择文字工具 T，选取文字"著"，在属性栏中设置文字大小，效果如图 7-46 所示。

图 7-45

图 7-46

（12）选择文字工具 T，在文字"云"右侧单击鼠标左键，插入光标，如图 7-47 所示。选择"文字 > 字形"命令，弹出"字形"控制面板，设置字体并选择需要的字形，如图 7-48 所示。双击鼠标左键插入字形，效果如图 7-49 所示。用相同的方法在其他位置插入相同字形，效果如图 7-50 所示。

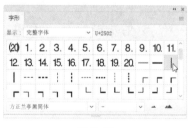

图 7-47

图 7-48

图 7-49

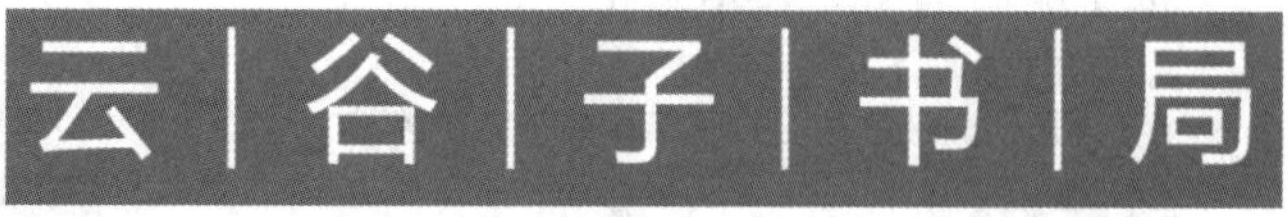

图 7-50

（13）选择文字工具 T，在适当的位置分别输入需要的文字。选择选择工具 ▶，在属性栏中分别选择合适的字体并设置文字大小，效果如图 7-51 所示。

（14）选取上方需要的文字，按 Ctrl+T 组合键，弹出"字符"控制面板。将"设置行距"下拉列表设为 21 pt，其他选项的设置如图 7-52 所示。按 Enter 键确定操作，效果如图 7-53 所示。

图 7-51　　　　　　　　图 7-52 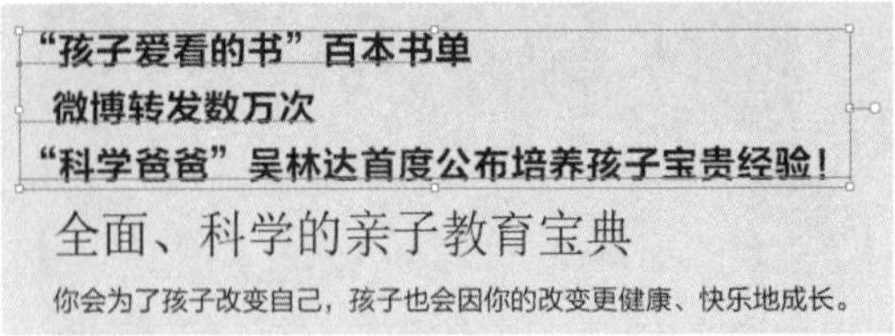　　　　　　　　　　　图 7-53

（15）选择文字工具 T，选取第一行文字，在属性栏中选择合适的字体并设置文字大小，效果如图 7-54 所示。选取第二行文字，在属性栏中设置文字大小，效果如图 7-55 所示。

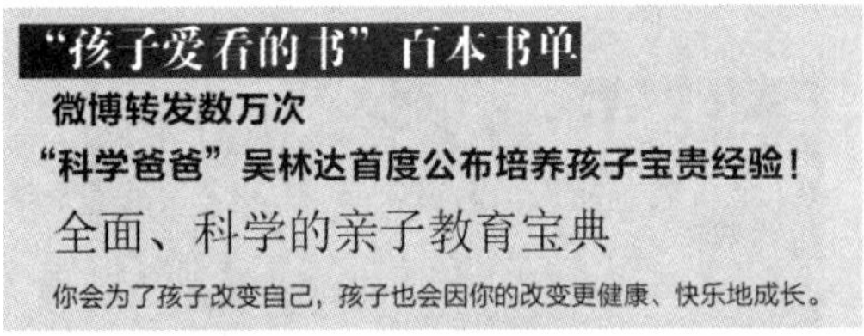

图 7-54 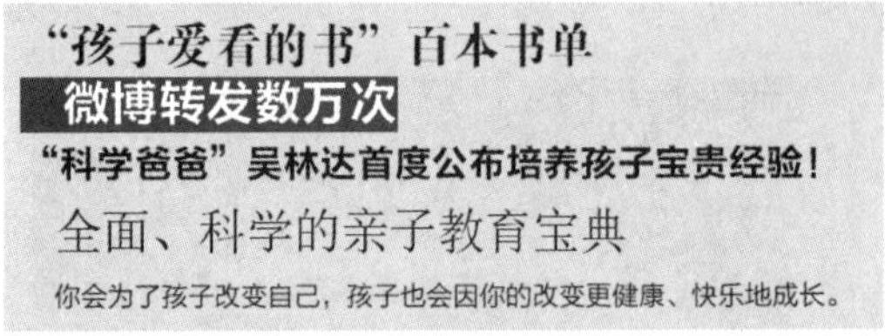　　　　　　　　　　　　　　　　图 7-55

（16）保持文字选取状态。设置填充色为蓝色（其 C、M、Y、K 的值分别为 80、10、0、0），填充文字，效果如图 7-56 所示。选取文字"'科学爸爸'吴林达"，在属性栏中选择合适的字体，效果如图 7-57 所示。

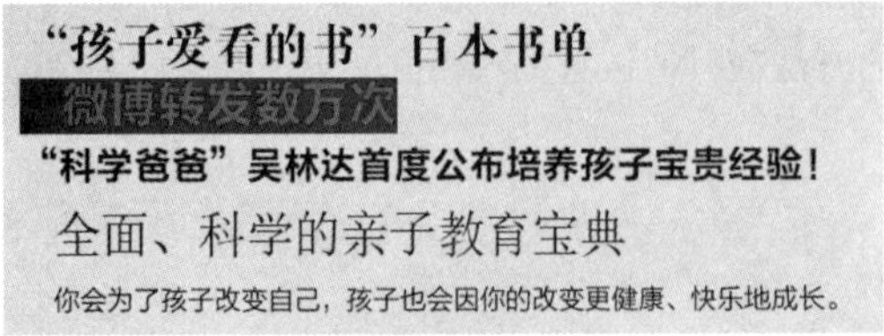

图 7-56 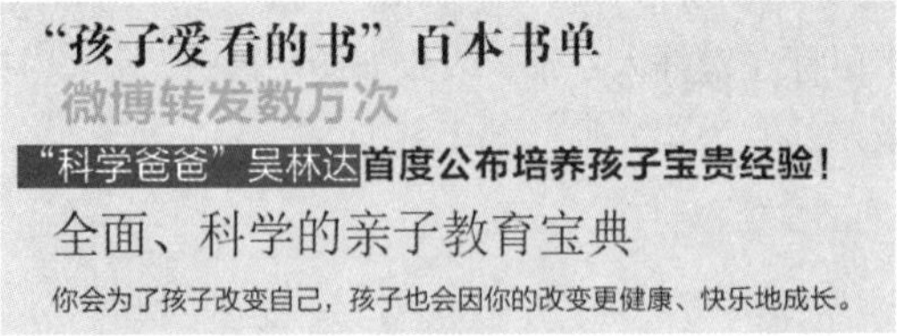　　　　　　　　　　　　　　　　图 7-57

（17）使用文字工具 T，选取文字"全面、科学"，在属性栏中选择合适的字体，效果如图 7-58 所示。设置填充色为蓝色（其 C、M、Y、K 的值分别为 80、10、0、0），填充文字，效果如图 7-59 所示。

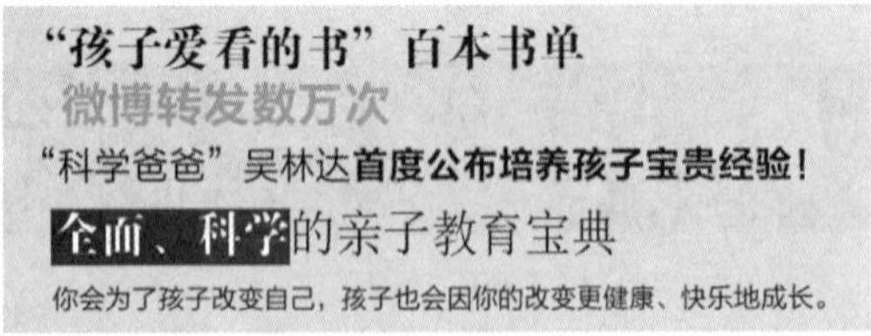

图 7-58 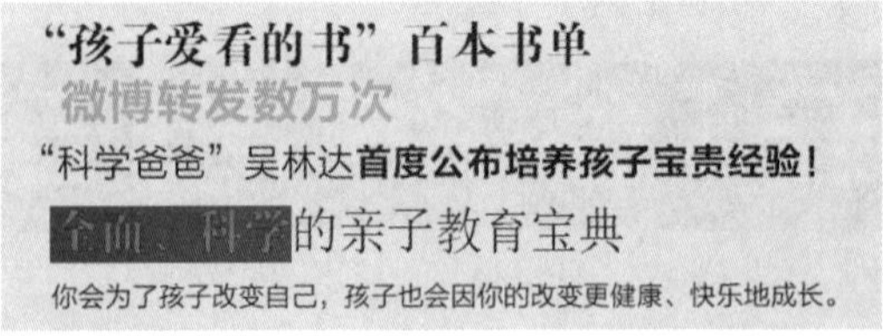　　　　　　　　　　　　　　　　图 7-59

（18）选择直线段工具，在按住 Shift 键的同时，在适当的位置绘制一条直线，如图 7-60 所示。设置描边色为蓝色（其 C、M、Y、K 的值分别为 80、10、0、0），填充描边，效果如图 7-61 所示。

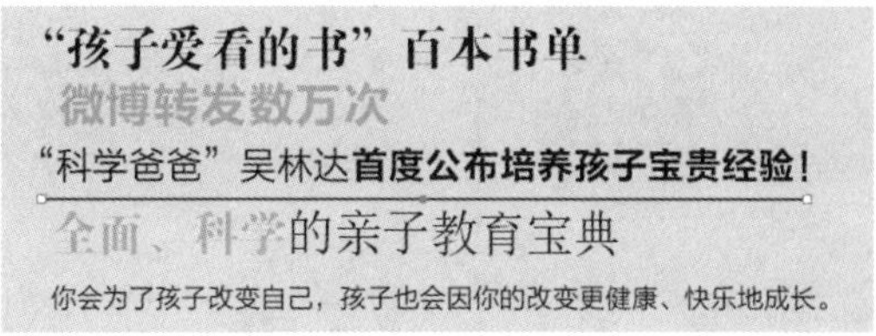

图 7-60

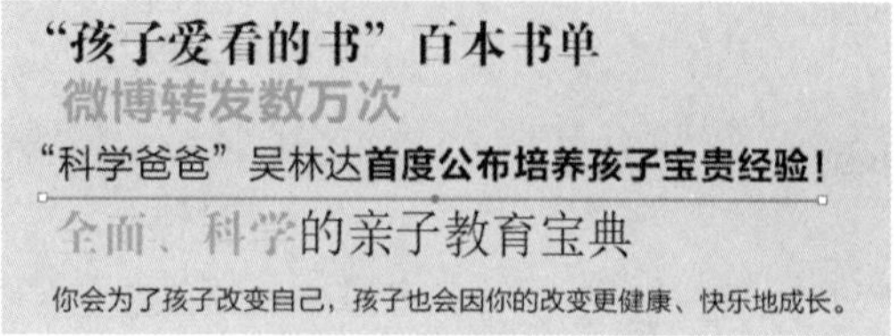

"孩子爱看的书"百本书单
微博转发数万次
"科学爸爸"吴林达首度公布培养孩子宝贵经验！
全面、科学的亲子教育宝典
你会为了孩子改变自己，孩子也会因你的改变更健康、快乐地成长。

图 7-61

（19）在"描边"控制面板中，勾选"虚线"复选框，下方的文本框被激活，其余各选项的设置如图 7-62 所示，虚线效果如图 7-63 所示。

图 7-62

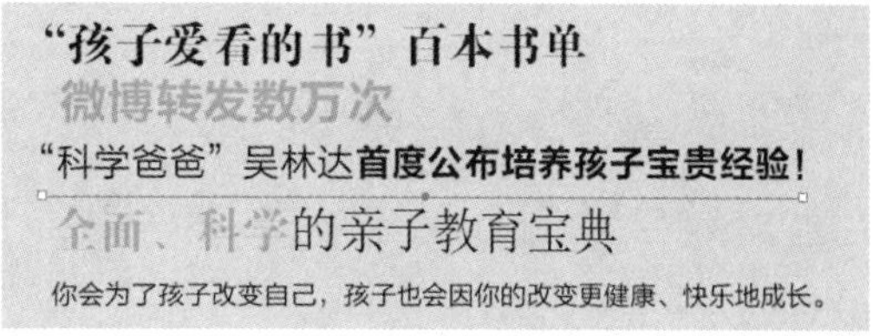

"孩子爱看的书"百本书单
微博转发数万次
"科学爸爸"吴林达首度公布培养孩子宝贵经验！
全面、科学的亲子教育宝典
你会为了孩子改变自己，孩子也会因你的改变更健康、快乐地成长。

图 7-63

（20）选择选择工具▶，在按住 Alt+Shift 组合键的同时，垂直向下拖曳复制的虚线到适当的位置，效果如图 7-64 所示。

（21）选择星形工具☆，在页面中单击鼠标左键，弹出"星形"对话框，选项的设置如图 7-65 所示，单击"确定"按钮，出现一个多角星形。选择选择工具▶，拖曳多角星形到适当的位置，填充图形为白色，并设置描边色为无，效果如图 7-66 所示。

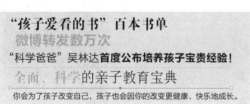

图 7-64

图 7-65

图 7-66

（22）选择椭圆工具○，在按住 Alt+Shift 组合键的同时，以多角星形的中点为圆心绘制一个圆形，设置填充色为蓝色（其 C、M、Y、K 的值分别为 90、10、0、0），填充图形，并设置描边色为无，效果如图 7-67 所示。

（23）按 Ctrl+O 组合键，打开云盘中的"Ch07 > 素材 > 制作少儿图书封面 > 03"文件。选择选择工具▶，选取需要的图形，按 Ctrl+C 组合键，复制图形。选择正在编辑的页面，按 Ctrl+V 组合键，将其粘贴到页面中，并拖曳复制的图形到适当的位置，效果如图 7-68 所示。

（24）选择文字工具 T，在适当的位置分别输入需要的文字。选择选择工具▶，在属性栏中分别选择合适的字体并设置文字大小，效果如图 7-69 所示。选取文字"送给……教育书"，填充文字为白色，效果如图 7-70 所示。

图 7-67

图 7-68

图 7-69

图 7-70

（25）在"字符"控制面板中，将"设置所选字符的字距调整"下拉列表 ▼▲ 设为 -100，其他选项的设置如图 7-71 所示。按 Enter 键确定操作，效果如图 7-72 所示。选择文字工具 **T**，选取文字"温情教育书"，在属性栏中设置文字大小，效果如图 7-73 所示。

图 7-71

图 7-72

图 7-73

3．制作封底和书脊

（1）选择椭圆工具 ◯，在封底中分别绘制椭圆形，如图 7-74 所示。选择选择工具 ▶，用框选的方法将所绘制的椭圆形同时选取。在"路径查找器"控制面板中，单击"联集"按钮 ◼，如图 7-75 所示。生成新的对象，效果如图 7-76 所示。

图 7-74

图 7-75

图 7-76

（2）保持图形选取状态。设置填充色为黄色（其 C、M、Y、K 的值分别为 0、0、91、0），填充图形，并设置描边色为无，效果如图 7-77 所示。

（3）按 Ctrl+C 组合键，复制图形；按 Ctrl+F 组合键，将复制的图形粘贴在前面。在按住 Alt+Shift 组合键的同时，拖曳右上角的控制手柄到适当的位置，等比例缩小图形，效果如图 7-78 所示。

（4）选择区域文字工具 ⊞，在图形内部单击，出现一个带有选中文本的文本区域，如图 7-79 所示。重新输入需要的文字，在属性栏中选择合适的字体并设置文字大小，效果如图 7-80 所示。

图 7-77

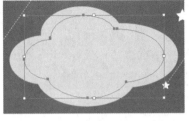

图 7-78

图 7-79

图 7-80

（5）在"字符"控制面板中，将"设置行距"下拉列表 设为 12 pt，其他选项的设置如图 7-81 所示。按 Enter 键确定操作，效果如图 7-82 所示。

图 7-81

图 7-82

（6）选择矩形工具 ，在适当的位置绘制一个矩形，填充图形为白色，并设置描边色为无，效果如图 7-83 所示。选择文字工具 T，在适当的位置分别输入需要的文字。选择选择工具 ，在属性栏中分别选择合适的字体并设置文字大小，效果如图 7-84 所示。

图 7-83

图 7-84

（7）选择选择工具 ，在封面中选取需要的图形，如图 7-85 所示。在按住 Alt 键的同时，用鼠标向左拖曳图形到书脊上，复制图形，并调整其大小，效果如图 7-86 所示。用相同的方法复制封面中其余需要的文字，并调整文字方向，效果如图 7-87 所示。

图 7-85   图 7-86   图 7-87

7.1.4 【相关工具】

1. 文本工具的使用

利用文字工具 T 和直排文字工具 IT 可以直接输入沿水平方向和直排方向排列的文本。

◎ 输入点文本

选择文字工具 T 或直排文字工具 IT，在绘图页面中单击鼠标左键，出现一个带有选中文本的文本区域，如图 7-88 所示。切换到需要的输入法并输入文本，如图 7-89 所示。

当输入文本需要换行时，按 Enter 键开始新的一行。

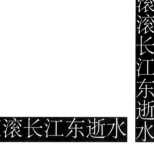

图 7-88   图 7-89

结束文字的输入后，单击选择工具 ▶ 即可选中所输入的文字，这时文字周围将出现一个选择框，文本上的细线是文字基线的位置，效果如图 7-90 所示。

图 7-90

◎ 输入文本块

使用文字工具 T 或直排文字工具 IT 可以绘制一个文本框，然后在文本框中输入文字。

选择文字工具 T 或直排文字工具 IT，在页面中需要输入文字的位置单击并按住鼠标左键拖曳，如图 7-91 所示。当绘制的文本框大小符合需要时，释放鼠标，页面上会出现一个蓝色边框且带有选中文本的矩形文本框，效果如图 7-92 所示。

可以在矩形文本框中输入文字，输入的文字将在指定的区域内排列，如图 7-93 所示。当输入的文字到矩形文本框的边界时，文字将自动换行，效果如图 7-94 所示。

<table>
<tr><td>图 7-91</td><td>图 7-92</td><td>图 7-93</td><td>图 7-94</td></tr>
</table>

◎ 转换点文本和文本块

在 Illustrator CC 2019 中，在文本框的外侧会出现转换点，空心状态的转换点⊶□表示当前文本为点文本，实心状态的转换点⊶●表示当前文本为文本块。双击可将点文字转换为文本块，也可将文本块转换为点文本。

选择选择工具▶，将输入的文本块选取，如图 7-95 所示。将鼠标指针置于右侧的转换点上双击，如图 7-96 所示。将文本块转换为点文本，如图 7-97 所示。再次双击，可将点文本转换为文本块，如图 7-98 所示。

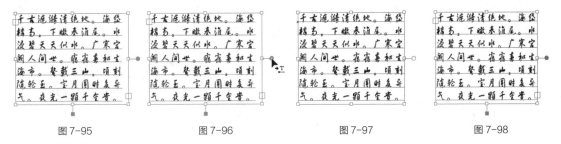

<table>
<tr><td>图 7-95</td><td>图 7-96</td><td>图 7-97</td><td>图 7-98</td></tr>
</table>

2. 区域文本工具的使用

在 Illustrator CC 2019 中，还可以创建任意形状的文本对象。

绘制一个填充颜色的图形对象，如图 7-99 所示。选择文字工具 T 或区域文字工具 T，当鼠标指针移动到图形对象的边框上时，将变成 ① 形状，如图 7-100 所示。在图形对象上单击，图形对象的填充和描边填充属性被取消，图形对象转换为文本路径，并且在图形对象内出现一个带有选中文本的区域，效果如图 7-101 所示。

<table>
<tr><td>图 7-99</td><td>图 7-100</td><td>图 7-101</td></tr>
</table>

在选中文本区域输入文字，输入的文本会按水平方向在该对象内排列。如果输入的文字超出了文本路径所能容纳的范围，将出现文本溢出的现象，这时文本路径的右下角会出现一个红色田标志的

小正方形，如图 7-102 所示。

使用选择工具 ▶ 选中文本路径，拖曳文本路径周围的控制点来调整文本路径的大小，可以显示所有的文字，效果如图 7-103 所示。

使用直排文字工具 IT 或直排区域文字工具 Ⅲ 与使用文字工具 T 的方法是一样的，但直排文字工具 IT 或直排区域文字工具 Ⅲ 在文本路径中创建的是竖排文字，如图 7-104 所示。

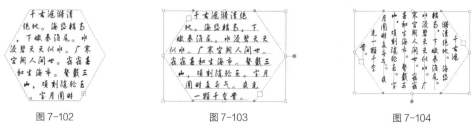

图 7-102   图 7-103   图 7-104

3. 路径文本工具的使用

使用路径文字工具 ✧ 和直排路径文字工具 ✧，可以在创建文本时，让文本沿着一个开放或闭合路径的边缘进行水平或垂直方向的排列，路径可以是规则或不规则的。如果使用这两种工具，原来的路径将不再具有填充或描边填充的属性。

◎ 创建路径文本

（1）沿路径创建水平方向文本

使用钢笔工具 ✎，在页面上绘制一个任意形状的开放路径，如图 7-105 所示。使用路径文字工具 ✧，在绘制好的路径上单击，路径将转换为文本路径，且带有选中的路径文本，如图 7-106 所示。

图 7-105   图 7-106

在选中文本区域输入所需要的文字，文字将会沿着路径排列，文字的基线与路径是平行的，效果如图 7-107 所示。

图 7-107

（2）沿路径创建垂直方向文本

使用钢笔工具 ✎，在页面上绘制一个任意形状的开放路径。使用直排路径文字工具 ✧ 在绘制好的路径上单击，路径转换为文本路径，且带有选中的路径文本，如图 7-108 所示。

在光标处输入所需要的文字，文字将会沿着路径排列，文字的基线与路径是直排的，效果如图 7-109 所示。

图 7-108　　　　　　　　　　　　　　　　　图 7-109

◎ 编辑路径文本

如果对创建的路径文本不满意，可以对其进行编辑。

选择选择工具 ▶ 或直接选择工具 ▷，选取要编辑的路径文本。这时在文本开始处会出现一个 "I" 形的符号，如图 7-110 所示。

图 7-110

拖曳文字左侧的 "I" 形符号，可沿路径移动文本，效果如图 7-111 所示。还可以按住 "I" 形的符号向路径相反的方向拖曳，文本会翻转方向，效果如图 7-112 所示。

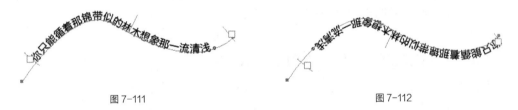

图 7-111　　　　　　　　　　　　　　　　　图 7-112

4．编辑文字

利用修饰文字工具 ☷，可以对文本框中的文本进行单独的属性设置和编辑操作。

选择修饰文字工具 ☷，单击选取需要编辑的文字，如图 7-113 所示。在属性栏中设置适当的字体和文字大小，效果如图 7-114 所示。再次单击选取需要的文字，如图 7-115 所示。拖曳右下角的节点调整文字的水平比例，如图 7-116 所示，松开鼠标，效果如图 7-117 所示。拖曳左上角的节点可以调整文字的垂直比例，拖曳右上角的节点可以等比例缩放文字。

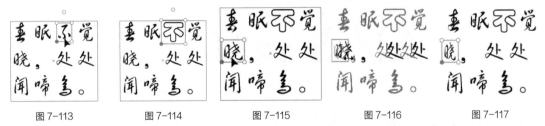

图 7-113　　　　图 7-114　　　　图 7-115　　　　图 7-116　　　　图 7-117

再次单击选取需要的文字，如图 7-118 所示。拖曳左下角的节点，可以调整文字的基线偏移，如图 7-119 所示，松开鼠标，效果如图 7-120 所示。将鼠标指针置于正上方的空心节点处，指针变为旋转图标，拖曳鼠标，如图 7-121 所示。旋转文字，效果如图 7-122 所示。

| 图 7-118 | 图 7-119 | 图 7-120 | 图 7-121 | 图 7-122 |

5. 创建文本轮廓

选中文本，选择"文字 > 创建轮廓"命令（或按 Shift+Ctrl+O 组合键），创建文本轮廓，如图 7-123 所示。文本转换为轮廓后，可以对文本进行渐变填充，效果如图 7-124 所示。还可以对文本应用滤镜，效果如图 7-125 所示。

图 7-123　　　　　　　　图 7-124　　　　　　　　图 7-125

> **提示**
>
> 　　文本转换为轮廓后，将不再具有文本的一些属性，这就需要在文本转换成轮廓之前先按需要调整文本的字体大小。而且将文本转换为轮廓时，会把文本块中的文本全部转换为路径。不能在一行文本内转换单个文字。

7.1.5　【实战演练】制作美食图书封面

使用矩形工具绘制背景图形，使用"置入"命令置入图片，使用直排文字工具添加封面文字，使用"字形"命令插入符号。最终效果参看云盘中的"Ch07 > 效果 > 制作美食图书封面 .ai"，如图 7-126 所示。

制作美食
图书封面

图 7-126

7.2 制作环球旅行图书封面

7.2.1 【案例分析】

本案例是为一本环球旅行图书设计封面。要求设计突出环球旅行特色，主题鲜明，色彩淡雅，令该书在众多同类图书中脱颖而出。

7.2.2 【设计理念】

封面以白色为背景，舍弃繁杂的装饰突出主体，即各国景点照片，强调环球旅行是该书的主题；置于封面中下方的图书名称和介绍性文字进行了风格化设计，增添了时尚感。最终效果参看云盘中的"Ch07 > 效果 > 制作环球旅行图书封面 .ai"，如图 7-127 所示。

图 7-127

制作环球旅
行图书封面1

制作环球旅
行图书封面2

7.2.3 【操作步骤】

1. 制作封面

（1）打开 Illustrator CC 2019，按 Ctrl+N 组合键，弹出"新建文档"对话框，设置文档的宽度为 350mm，高度为 230mm，取向为横向，出血为 3mm，颜色模式为 CMYK，单击"创建"按钮，新建一个文档。

（2）按 Ctrl+R 组合键，显示标尺。选择选择工具▶，在左侧标尺上向右拖曳一条垂直参考线。选择"窗口 > 变换"命令，弹出"变换"控制面板，将"X"轴选项设为 170mm，如图 7-128 所示。按 Enter 键确定操作，效果如图 7-129 所示。

（3）保持参考线的选取状态，在"变换"控制面板中，将"X"轴选项设为 180mm，按 Alt+Enter 组合键确定操作，效果如图 7-130 所示。

图 7-128

图 7-129

图 7-130

（4）选择"文件 > 置入"命令，弹出"置入"对话框。选择云盘中的"Ch07 > 素材 > 制作环球旅行图书封面 > 01、02"文件，单击"置入"按钮，在页面中分别单击置入图片。单击属性栏中的"嵌入"按钮，嵌入图片。选择选择工具▶，分别拖曳图片到适当的位置，效果如图 7-131 所示。

（5）选择"窗口 > 透明度"命令，弹出"透明度"控制面板，将混合模式设为"正片叠底"，其他选项的设置如图 7-132 所示。按 Enter 键确定操作，效果如图 7-133 所示。

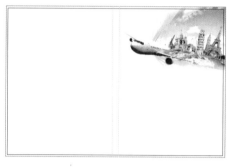

图 7-131　　　　　　　　　　图 7-132　　　　　　　　图 7-133

（6）选择文字工具 T，在页面中分别输入需要的文字。选择选择工具 ▶，在属性栏中分别选择合适的字体并设置文字大小，效果如图 7-134 所示。选取文字"环球旅行"，设置文字填充色为海蓝色（其 C、M、Y、K 的值分别为 97、81、7、0），填充文字，效果如图 7-135 所示。

图 7-134　　　　　　　　　　　　　　　　图 7-135

（7）选择文字工具 T，在适当的位置单击鼠标左键，插入光标，如图 7-136 所示。选择"文字 > 字形"命令，弹出"字形"控制面板，设置字体并选择需要的字形，如图 7-137 所示。双击鼠标左键插入字形，效果如图 7-138 所示。

（8）选择文字工具 T，在适当的位置分别输入需要的文字。选择选择工具 ▶，在属性栏中分别选择合适的字体并设置文字大小，效果如图 7-139 所示。

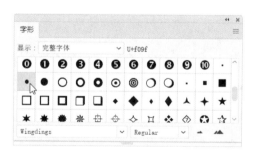

图 7-136　　　　　　　　　　　　　图 7-137

图 7-138

图 7-139

（9）选取文字"旅行……（她）"，设置文字填充色为灰色（其 C、M、Y、K 的值分别为 0、0、0、80），填充文字，效果如图 7-140 所示。单击属性栏中的"居中对齐"按钮，效果如图 7-141 所示。

图 7-140

图 7-141

（10）在"字符"控制面板中，将"设置行距"选项设为 24 pt，其他选项的设置如图 7-142 所示。按 Enter 键确定操作，效果如图 7-143 所示。

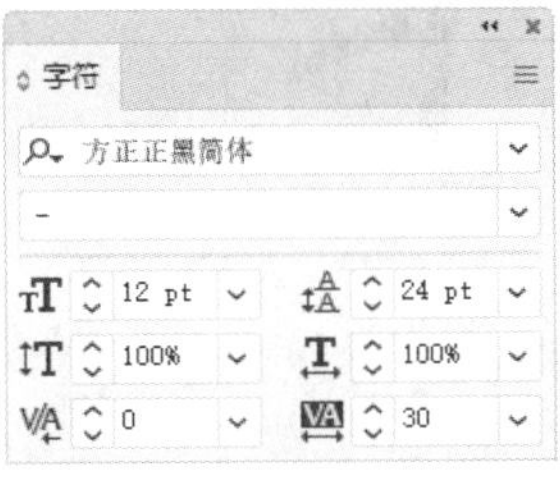

图 7-142

图 7-143

（11）选取英文"TRAVEL AROUND THE WORLD"，在"字符"控制面板中，将"设置所选字符的字距调整"选项设为 80，其他选项的设置如图 7-144 所示。按 Enter 键确定操作，效果如图 7-145 所示。

（12）保持文字选取状态，设置文字填充色为海蓝色（其 C、M、Y、K 的值分别为 97、81、7、0），填充文字，效果如图 7-146 所示。

（13）选择文字工具，在适当的位置分别输入需要的文字。选择选择工具，在属性栏中分别选择合适的字体并设置文字大小，效果如图 7-147 所示。

图 7-144

图 7-145

图 7-146

图 7-147

（14）在属性栏中单击"右对齐"按钮 ≡，对齐文本并微调至适当的位置，效果如图 7-148 所示。选择文字工具 **T**，在文字"恩"后单击鼠标左键，插入光标，如图 7-149 所示。选择"文字 > 字形"命令，弹出"字形"控制面板，设置字体并选择需要的字形，如图 7-150 所示，双击鼠标左键插入字形，效果如图 7-151 所示。用相同的方法在其他位置插入字形，效果如图 7-152 所示。

图 7-148

图 7-149

图 7-150

主编【美】莱恩·|怀特
【美】杰西莱恩

图 7-151

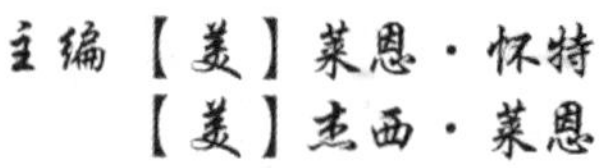

主编【美】莱恩·怀特
【美】杰西·莱恩

图 7-152

2. 制作封底和书脊

（1）选择"文件 > 置入"命令，弹出"置入"对话框选择云盘中的"Ch07 > 素材 > 制作环球旅行图书封面 > 03"文件，单击"置入"按钮，在页面中单击置入图片，单击属性栏中的"嵌入"按钮，嵌入图片。选择选择工具 ▶，拖曳图片到适当的位置，效果如图 7-153 所示。

（2）选择直线段工具 ，在按住 Shift 键的同时，在适当的位置绘制一条直线，设置描边色为海蓝色（其 C、M、Y、K 的值分别为 97、81、7、0），填充描边，效果如图 7-154 所示。

图 7-153　　　　　　　　　　　　　　　　　　图 7-154

（3）选择椭圆工具 ⬭，在按住 Shift 键的同时，在适当的位置绘制一个圆形，设置填充色为海蓝色（其 C、M、Y、K 的值分别为 97、81、7、0），填充图形，并设置描边色为无，效果如图 7-155 所示。选择选择工具 ▶，在按住 Shift 键的同时，单击左侧直线将其同时选取，如图 7-156 所示。

图 7-155

图 7-156

（4）双击镜像工具 ⬭，弹出"镜像"对话框，选项的设置如图 7-157 所示。单击"复制"按钮，镜像并复制图形，效果如图 7-158 所示。

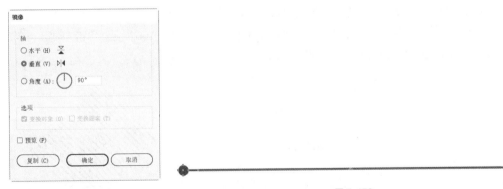

图 7-157　　　　　　　　　　　　　　　图 7-158

（5）选择选择工具 ▶，在按住 Shift 键的同时，水平向右拖曳复制的图形到适当的位置，效果如图 7-159 所示。

图 7-159

（6）选择矩形工具 ▢，在按住 Shift 键的同时，在适当的位置绘制一个正方形，设置填充色为海蓝色（其 C、M、Y、K 的值分别为 97、81、7、0），填充图形，并设置描边色为无，效果如图 7-160 所示。

（7）选择"窗口 > 变换"命令，弹出"变换"控制面板，将"旋转"选项设为 45°，如图 7-161 所示。按 Enter 键确定操作，效果如图 7-162 所示。

图 7-160   图 7-161   图 7-162

（8）选择直线段工具 ，在按住 Shift 键的同时，在页面外以 45° 角绘制一条斜线，设置描边色为海蓝色（其 C、M、Y、K 的值分别为 97、81、7、0），填充描边，效果如图 7-163 所示。

（9）选择选择工具 ，在按住 Alt+Shift 组合键的同时，向右下拖曳斜线到适当的位置，复制斜线，效果如图 7-164 所示。

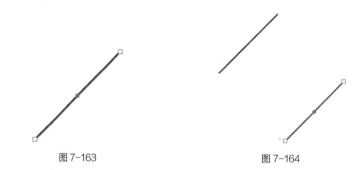

图 7-163   图 7-164

（10）选择选择工具 ，在按住 Shift 键的同时，单击原斜线将其同时选取，如图 7-165 所示。双击"混合"工具 ，在弹出的"混合选项"对话框中进行设置，如图 7-166 所示，单击"确定"按钮。按 Alt+Ctrl+B 组合键，生成混合，效果如图 7-167 所示。

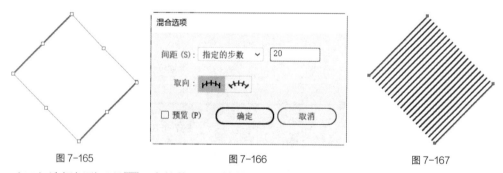

图 7-165   图 7-166   图 7-167

（11）选择矩形工具 ，在按住 Shift 键的同时，在适当的位置绘制一个正方形，如图 7-168 所示。在按住 Shift 键的同时，单击下方混合图形将其同时选取，如图 7-169 所示。按 Ctrl+7 组合键，建立剪切蒙版，效果如图 7-170 所示。

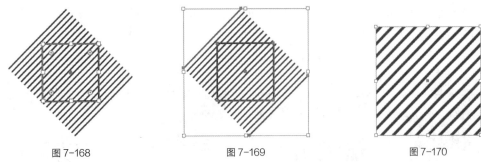

图 7-168   图 7-169   图 7-170

（12）将图形拖曳到页面中适当的位置，效果如图 7-171 所示。选择文字工具 **T**，在适当的位置分别输入需要的文字。选择选择工具 **▶**，在属性栏中分别选择合适的字体并设置文字大小，效果如图 7-172 所示。

图 7-171   图 7-172

（13）在"字符"控制面板中，将"设置所选字符的字距调整"选项 **Ⅷ** 设为 80，其他选项的设置如图 7-173 所示。按 Enter 键确定操作，效果如图 7-174 所示。设置文字填充色为海蓝色（其 C、M、Y、K 的值分别为 97、81、7、0），填充文字，效果如图 7-175 所示。

图 7-173   图 7-174   图 7-175

（14）选择矩形工具 **▢**，在适当的位置绘制一个矩形，填充图形为白色，效果如图 7-176 所示。选择文字工具 **T**，在适当的位置输入需要的文字。选择选择工具 **▶**，在属性栏中选择合适的字体并设置文字大小，效果如图 7-177 所示。

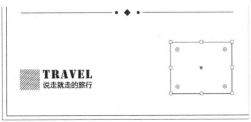

图 7-176   图 7-177

（15）选择选择工具▶，在封面中选取需要的文字，如图 7-178 所示。在按住 Alt 键的同时，用鼠标向左拖曳文字到书脊上，复制文字，并调整其大小，效果如图 7-179 所示。

图 7-178　　　　　　　　　　　　　　　　图 7-179

（16）选择"文字 > 文字方向 > 垂直"命令，将横排文字转换为直排文字，效果如图 7-180 所示。用相同的方法复制封面中其余需要的文字，并调整文字方向，效果如图 7-181 所示。环球旅行图书封面制作完成。

图 7-180　　　　　　　　　　　　　　　　图 7-181

7.2.4 【相关工具】

1．"字符"控制面板

在 Illustrator CC 2019 中，可以设定字符的格式。这些格式包括文字的字体、字号、颜色和字符间距等。

选择"窗口 > 文字 > 字符"命令（或按 Ctrl+T 组合键），弹出"字符"控制面板，如图 7-182 所示。其主要选项功能如下。

● "设置字体系列"下拉列表：用于选择一种需要的字体。

● "设置字体大小"下拉列表🇹：用于控制文本的大小。单击文本框左侧的上、下微调按钮↕，可以逐级调整字号大小的数值。

● "设置行距"下拉列表🇦：用于控制文本的行距，定义文本中行与行之间的距离。

●"垂直缩放"下拉列表🇹：可以使文字尺寸横向保持不变，纵向被缩放。

图 7-182

缩放比例小于 100% 表示文字被压扁，大于 100% 表示文字被拉长。

● "水平缩放"下拉列表**I**：可以使文字的纵向大小保持不变，横向被缩放。缩放比例小于 100% 表示文字被压扁，大于 100% 表示文字被拉伸。

● "设置两个字符间的字距微调"下拉列表**V/A**：用于细微地调整两个字符之间的水平间距。输入正值时，字距变大，输入负值时，字距变小。

● "设置所选字符的字距调整"下拉列表**V/A**：用于调整字符与字符之间的距离。

● "设置基线偏移"下拉列表**A^a**：用于调节文字的上下位置。可以通过设置此项为文字制作上标或下标，为正值时表示文字上移，为负值时表示文字下移。

● "字符旋转"下拉列表**①**：用于设置字符的旋转角度。

2．设置行距

行距是指文本中行与行之间的距离。如果没有自定义行距值，系统将使用自动行距，这时系统将以最适合的参数设置行间距。

选中文本，如图 7-183 所示。在"字符"控制面板中的"设置行距"下拉列表**A**中输入所需要的数值，可以调整行与行之间的距离。设置"行距"数值为 48，按 Enter 键确认，行距效果如图 7-184 所示。

图 7-183　　　　　　　　　　　　　　图 7-184

3．水平或垂直缩放

当改变文本的字号时，它的高度和宽度将同时发生改变，而利用"垂直缩放"下拉列表**IT**或"水平缩放"下拉列表**I**可以单独改变文本的高度和宽度。

默认状态下，对于横排的文本，设置"垂直缩放"下拉列表**IT**保持文字的宽度不变，只改变文字的高度；设置"水平缩放"下拉列表**I**将在保持文字高度不变的情况下，改变文字宽度。对于竖排的文本，会产生相反的效果，即设置"垂直缩放"下拉列表**IT**改变文本的宽度，设置"水平缩放"下拉列表**I**改变文本的高度。

选中文本，如图 7-185 所示，文本为默认状态下的效果。在"垂直缩放"下拉列表**IT**中设置数值为 175%，按 Enter 键确认，文字的垂直缩放效果如图 7-186 所示。

在"水平缩放"下拉列表**I**中设置数值为 175%，按 Enter 键确认，文字的水平缩放效果如图 7-187 所示。

图 7-185　　　　　　　　图 7-186　　　　　　　　图 7-187

4．调整字距

当需要调整文字或字符之间的距离时，可使用"字符"控制面板中的两个选项，即"设置两个字符间的字距微调"下拉列表⚫和"设置所选字符的字距调整"下拉列表⚫。"设置两个字符间的字距微调"下拉列表⚫用于控制两个文字或字母之间的距离，使用"设置所选字符的字距调整"下拉列表⚫可使两个或更多个被选择的文字或字母之间保持相同的距离。

选中要设定字距的文字，如图 7-188 所示。在"字符"控制面板中的"设置两个字符间的字距微调"下拉列表⚫中选择"自动"选项，这时程序就会以最合适的参数值设置选中文字的距离。

图 7-188

> **提示**　在"设置两个字符间的字距微调"下拉列表中输入 0 时，将关闭自动调整文字距离的功能。

将光标插入需要调整间距的两个文字或字符之间，如图 7-189 所示。在"设置两个字符间的字距微调"下拉列表⚫中输入所需要的数值，就可以调整两个文字或字符之间的距离。设置数值为 300，按 Enter 键确认，字距效果如图 7-190 所示；设置数值为 -300，按 Enter 键确认，字距效果如图 7-191 所示。

图 7-189　　　　　　图 7-190　　　　　　图 7-191

选中整个文本对象，如图 7-192 所示，在"设置所选字符的字距调整"下拉列表⚫中输入所需要的数值，可以调整文本字符间的距离。设置数值为 200，按 Enter 键确认，字距效果如图 7-193 所示；设置数值为 -200，按 Enter 键确认，字距效果如图 7-194 所示。

图 7-192　　　　　　图 7-193　　　　　　图 7-194

5．基线偏移

基线偏移就是改变文字与基线的距离，从而提高或降低被选中文字相对于其他文字的排列位置，达到突出显示的目的。使用"基线偏移"下拉列表⚫可以创建上标或下标，或在不改变文本方向的情况下，更改路径文本在路径上的排列位置。

如果"设置基线偏移"下拉列表⚫在"字符"控制面板中是隐藏的，可以从"字符"控制面板的弹出式菜单中选择"显示选项"命令，如图 7-195 所示，即可显示"基线偏移"下拉列表⚫，如图 7-196 所示。

使用"设置基线偏移"下拉列表⚫可以改变文本在路径上的位置。文本在路径的外侧时选中文本，如图 7-197 所示。在"设置基线偏移"下拉列表⚫中设置数值为 -30，按 Enter 键确认，文本移动到路径的内侧，效果如图 7-198 所示。

图 7-195

图 7-196

图 7-197

图 7-198

通过"设置基线偏移"下拉列表 A^a_i，还可以制作出有上标和下标显示的数学题。输入需要的数值，如图 7-199 所示，将表示平方的字符"2"选中并使用较小的字号，如图 7-200 所示；再在"基线偏移"下拉列表 A^a_i 中设置数值为 28，按 Enter 键确认，平方的字符制作完成，如图 7-201 所示。使用相同的方法就可以制作出数学题，效果如图 7-202 所示。

$$2\ 2+5\ 2=29 \qquad 2^{\underline{2}}+5\ 2=29 \qquad 2^2+5\ 2=29 \qquad 2^2+5^2=29$$

图 7-199　　　　　　　图 7-200　　　　　　　图 7-201　　　　　　　图 7-202

提示

若要取消"基线偏移"效果，选择相应的文本后，在"基线偏移"下拉列表中设置数值为 0 即可。

7.2.5　【实战演练】制作手机摄影图书封面

使用矩形工具、"置入"命令、多边形工具和"剪切蒙版"命令制作背景，使用文字工具、"字符"控制面板添加标题及相关信息。最终效果参看云盘中的"Ch07 > 效果 > 制作手机摄影图书封面 .ai"，如图 7-203 所示。

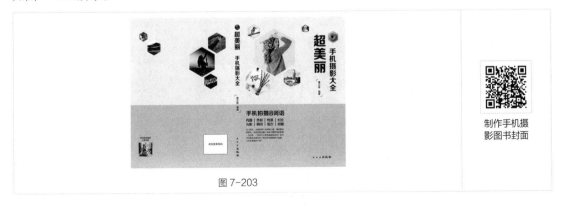

图 7-203

制作手机摄影图书封面

7.3 综合演练——制作儿童插画图书封面

7.3综合演练　　制作儿童插画图书封面

7.4 综合演练——制作旅游攻略图书封面

7.4综合演练　　制作旅游攻略图书封面

08

第 8 章
画册设计

画册又被称为企业的大名片，是企业的自荐书，优秀的宣传画册可以有效宣传企业或产品，提高企业的品牌形象、产品的认知度和市场的忠诚度。本章以企业画册设计为例，讲解画册的封面、内页的设计方法和制作技巧。

课堂学习目标

- 熟悉画册的设计思路和过程
- 掌握制作画册的相关工具的用法
- 掌握画册的制作方法和技巧

8.1 制作房地产画册封面

8.1.1 【案例分析】

友豪房地产集团的新楼房即将开盘，集团想要进行系统的宣传，本案例是为其画册设计制作封面。要求设计围绕这一主题，画面高雅、简约，突出高级住宅的理念。

8.1.2 【设计理念】

封面使用整幅实景照片，时尚、大气，主题鲜明，体现出集团的格调；文字的设计简约明了，令人耳目一新，印象深刻。最终效果参看云盘中的"Ch08 > 效果 > 制作房地产画册封面 .ai"，如图 8-1 所示。

制作房地产
画册封面

图 8-1

8.1.3 【操作步骤】

（1）打开 Illustrator CC 2019，按 Ctrl+N 组合键，弹出"新建文档"对话框，设置文档的宽度为 420 mm，高度为 285 mm，取向为横向，出血为 3 mm，颜色模式为 CMYK，单击"创建"按钮，新建一个文档。

（2）按 Ctrl+R 组合键，显示标尺。选择选择工具 ▶，在左侧标尺上向右拖曳一条垂直参考线。选择"窗口 > 变换"命令，弹出"变换"控制面板，将"X"轴选项设为 210 mm，如图 8-2 所示。按 Enter 键确定操作，如图 8-3 所示。

图 8-2

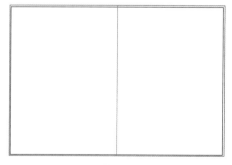

图 8-3

（3）选择"文件 > 置入"命令，弹出"置入"对话框。选择云盘中的"Ch08 > 效果 > 房地产

画册封面设计 > 房地产画册封面底图 .jpg"文件，单击"置入"按钮，在页面中单击置入图片。单击属性栏中的"嵌入"按钮，嵌入图片。选择选择工具▶，拖曳图片到适当的位置，效果如图 8-4 所示。按 Ctrl+2 组合键，锁定所选对象。

（4）选择矩形工具▢，在适当的位置绘制一个矩形，设置填充色为浅褐色（其 C、M、Y、K 的值分别为 66、65、61、13），填充图形，并设置描边色为无，效果如图 8-5 所示。

图 8-4

图 8-5

（5）在属性栏中将"不透明度"选项设为 80%，按 Enter 键确定操作，效果如图 8-6 所示。选择文字工具T，在页面中分别输入需要的文字。选择选择工具▶，在属性栏中分别选择合适的字体并设置文字大小，填充文字为白色，效果如图 8-7 所示。

图 8-6

图 8-7

（6）选取文字"友豪房地"，按 Ctrl+T 组合键，弹出"字符"控制面板。将"设置所选字符的字距调整"下拉列表ⅤＡ设为 100，其他选项的设置如图 8-8 所示。按 Enter 键确定操作，效果如图 8-9 所示。

图 8-8

图 8-9

（7）选择椭圆工具⬭，在按住 Shift 键的同时，在适当的位置绘制一个圆形，设置填充色为黄色（其 C、M、Y、K 的值分别为 0、0、100、0），填充图形，并设置描边色为无，效果如图 8-10 所示。

（8）选择文字工具T，在适当的位置输入需要的文字。选择选择工具▶，在属性栏中选择合适的字体并设置文字大小。设置填充色为浅褐色（其 C、M、Y、K 的值分别为 66、65、61、13），填充文字，效果如图 8-11 所示。

图 8-10

图 8-11

（9）在"字符"控制面板中，将"水平缩放"下拉列表 $\mathbf{T}$ 设为 84%，其他选项的设置如图 8-12 所示。按 Enter 键确定操作，效果如图 8-13 所示。

（10）按 Ctrl+O 组合键，打开云盘中的"Ch08 > 素材 > 房地产画册封面设计 > 02"文件。选择选择工具 ▶，选取需要的图形；按 Ctrl+C 组合键，复制图形。选择正在编辑的页面，按 Ctrl+V 组合键，将其粘贴到页面中，并拖曳复制的图形到适当的位置，效果如图 8-14 所示。

图 8-12

图 8-13

图 8-14

（11）选择矩形工具 □，在适当的位置绘制一个矩形，设置填充色为橄榄棕色（其 C、M、Y、K 的值分别为 50、50、45、0），填充图形，并设置描边色为无，效果如图 8-15 所示。选择选择工具 ▶，在封面中选取需要的标志图形，如图 8-16 所示。

图 8-15

图 8-16

（12）在按住 Alt 键的同时，用鼠标向左拖曳标志图形到封底上，复制图形，并调整其大小和顺序，效果如图 8-17 所示。选择编组选择工具 ▷，选取标志图形，如图 8-18 所示。

图 8-17   图 8-18

（13）设置图形填充色为无，效果如图 8-19 所示。按 Shift+X 组合键，互换填色和描边，效果如图 8-20 所示。

（14）选择文字工具 T，在适当的位置输入需要的文字。选择选择工具 ▶，在属性栏中选择合适的字体并设置文字大小，填充文字为白色，效果如图 8-21 所示。

图 8-19   图 8-20   图 8-21

（15）在"字符"控制面板中，将"设置行距"选项 設为 18 pt，其他选项的设置如图 8-22 所示。按 Enter 键确定操作，效果如图 8-23 所示。房地产画册封面制作完成，效果如图 8-24 所示。

图 8-22   图 8-23   图 8-24

8.1.4 【相关工具】

1. "对齐"控制面板

应用"对齐"控制面板可以快速、有效地对齐或分布多个图形。选择"窗口 > 对齐"命令，弹出"对齐"控制面板，如图 8-25 所示。单击控制面板右上方的 ≡ 图标，在弹出的菜单中选择"显示选项"命令，弹出"分布间距"选项组，如图 8-26 所示。单击"对齐"控制面板右下方的"对齐"按钮，弹出其下拉菜单，如图 8-27 所示。

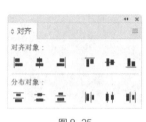
图 8-25

图 8-26

图 8-27

2．对齐对象

"对齐"控制面板中的"对齐对象"选项组中包括 6 个按钮：水平左对齐按钮▪、水平居中对齐按钮▪、水平右对齐按钮▪、垂直顶对齐按钮▪、垂直居中对齐按钮▪、垂直底对齐按钮▪。

◎ 水平左对齐

水平左对齐是指以最左边对象的左边线为基准线，被选中对象的左边缘都和这条线对齐（最左边对象的位置不变）。

选取要对齐的对象，如图 8-28 所示。单击"对齐"控制面板中的"水平左对齐"按钮▪，所有选取的对象都将向左对齐，如图 8-29 所示。

◎ 水平居中对齐

水平居中对齐是指以选定对象的中点为基准点对齐，所有对象在垂直方向的位置保持不变（多个对象进行水平居中对齐时，以中间对象的中点为基准点进行对齐，中间对象的位置不变）。

选取要对齐的对象，如图 8-30 所示。单击"对齐"控制面板中的"水平居中对齐"按钮▪，所有选取的对象都将水平居中对齐，如图 8-31 所示。

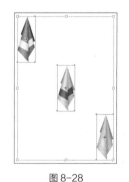
图 8-28

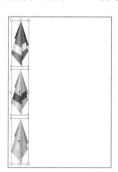
图 8-29

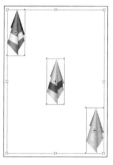
图 8-30

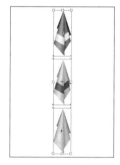
图 8-31

◎ 水平右对齐

水平右对齐是指以最右边对象的右边线为基准线，被选中对象的右边缘都和这条线对齐（最右边对象的位置不变）。

选取要对齐的对象，如图 8-32 所示。单击"对齐"控制面板中的"水平右对齐"按钮▪，所有选取的对象都将水平向右对齐，如图 8-33 所示。

◎ 垂直顶对齐

垂直顶对齐是指以多个要对齐对象中最上面对象的上边线为基准线，选定对象的上边线都和这条线对齐（最上面对象的位置不变）。

选取要对齐的对象，如图 8-34 所示。单击"对齐"控制面板中的"垂直顶对齐"按钮 ，所有选取的对象都将向上对齐，如图 8-35 所示。

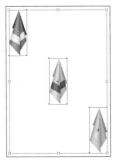
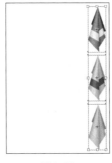
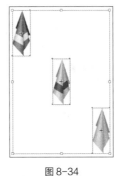
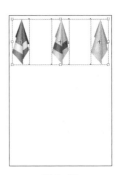

图 8-32　　　　　　　　　图 8-33　　　　　　　　　图 8-34　　　　　　　　　图 8-35

◎ 垂直居中对齐

垂直居中对齐是指以多个要对齐对象的中点为基准点进行对齐，所有对象进行垂直移动，水平方向上的位置不变（多个对象进行垂直居中对齐时，以中间对象的中点为基准点进行对齐，中间对象的位置不变）。

选取要对齐的对象，如图 8-36 所示。单击"对齐"控制面板中的"垂直居中对齐"按钮 ，所有选取的对象都将垂直居中对齐，如图 8-37 所示。

◎ 垂直底对齐

垂直底对齐是指以多个要对齐对象中最下面对象的下边线为基准线，选定对象的下边线都和这条线对齐（最下面对象的位置不变）。

选取要对齐的对象，如图 8-38 所示。单击"对齐"控制面板中的"垂直底对齐"按钮 ，所有选取的对象都将垂直向底对齐，如图 8-39 所示。

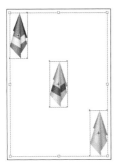

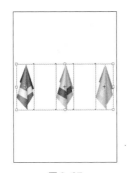
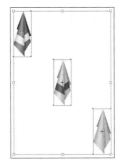
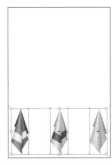

图 8-36　　　　　　　　　图 8-37　　　　　　　　　图 8-38　　　　　　　　　图 8-39

3．分布对象

"对齐"控制面板中的"分布对象"选项组包括垂直顶分布按钮 、垂直居中分布按钮 、垂直底分布按钮 、水平左分布按钮 、水平居中分布按钮 、水平右分布按钮 6 个按钮。

◎ 垂直顶分布

垂直顶分布是指以每个选取对象的上边线为基准线，使对象按相等的间距垂直分布。

选取要分布的对象，如图 8-40 所示。单击"对齐"控制面板中的"垂直顶分布"按钮 ，所有选取的对象将按各自的上边线，等距离垂直分布，如图 8-41 所示。

◎ 垂直居中分布

垂直居中分布是指以每个选取对象的中线为基准线，使对象按相等的间距垂直分布。

选取要分布的对象，如图 8-42 所示。单击"对齐"控制面板中的"垂直居中分布"按钮 ，所有选取的对象将按各自的中线，等距离垂直分布，如图 8-43 所示。

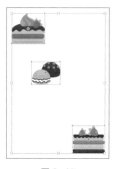  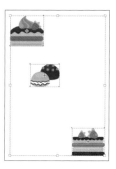 

图 8-40 　　　　　　图 8-41 　　　　　　图 8-42 　　　　　　图 8-43

◎ 垂直底分布

垂直底分布是指以每个选取对象的下边线为基准线，使对象按相等的间距垂直分布。

选取要分布的对象，如图 8-44 所示。单击"对齐"控制面板中的"垂直底分布"按钮 ，所有选取的对象将按各自的下边线，等距离垂直分布，如图 8-45 所示。

◎ 水平左分布

水平左分布是指以每个选取对象的左边线为基准线，使对象按相等的间距水平分布。

选取要分布的对象，如图 8-46 所示。单击"对齐"控制面板中的"水平左分布"按钮 ，所有选取的对象将按各自的左边线，等距离水平分布，如图 8-47 所示。

 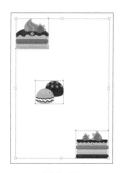  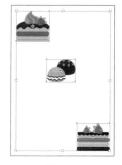

图 8-44 　　　　　　图 8-45 　　　　　　图 8-46 　　　　　　图 8-47

◎ 水平居中分布

水平居中分布是指以每个选取对象的中线为基准线，使对象按相等的间距水平分布。

选取要分布的对象，如图 8-48 所示。单击"对齐"控制面板中的"水平居中分布"按钮 ，所有选取的对象将按各自的中线，等距离水平分布，如图 8-49 所示。

◎ 水平右分布

水平右分布是指以每个选取对象的右边线为基准线，使对象按相等的间距水平分布。

选取要分布的对象，如图 8-50 所示。单击"对齐"控制面板中的"水平右分布"按钮 ，所有选取的对象将按各自的右边线，等距离水平分布，如图 8-51 所示。

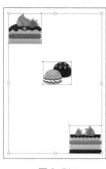

图 8-48   图 8-49   图 8-50   图 8-51

要精确指定对象间的距离，可在"对齐"控制面板的"分布间距"选项组中进行选择，其中包括"垂直分布间距"按钮▪ 和"水平分布间距"按钮▪ 。

选取要对齐的多个对象，如图 8-52 所示。再单击被选取对象中的任意一个对象，该对象将作为其他对象进行分布时的参照，如图 8-53 所示。在"对齐"控制面板下方的数值框中将距离数值设为10mm，如图 8-54 所示。

单击"对齐"控制面板中的"垂直分布间距"按钮▪ ，所有被选取的对象将以"汉堡"图像为基准，按设置的数值等距离垂直分布，效果如图 8-55 所示。

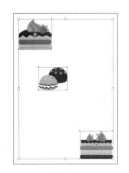

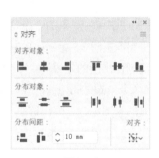
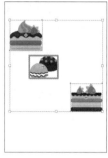

图 8-52   图 8-53   图 8-54   图 8-55

选取要对齐的对象，如图 8-56 所示。再单击被选取对象中的任意一个对象，该对象将作为其他对象进行分布时的参照，如图 8-57 所示。在"对齐"控制面板下方的数值框中将距离数值设为3mm，如图 8-58 所示。

单击"对齐"控制面板中的"水平分布间距"按钮▪ ，所有被选取的对象将以"樱桃面包"图像作为参照按设置的数值等距离水平分布，效果如图 8-59 所示。

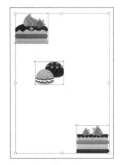

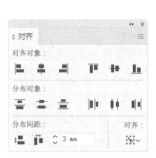
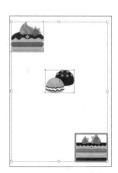

图 8-56   图 8-57   图 8-58   图 8-59

4．用辅助线对齐对象

选择"视图 > 标尺 > 显示标尺"命令（或按 Ctrl+R 组合键），页面上将显示出标尺，如图 8-60 所示。

选择选择工具 ▶，单击页面左侧的标尺，按住鼠标左键不放并向右拖曳，拖曳出一条垂直的辅助线，将辅助线放在要对齐对象的左边线上，如图 8-61 所示。

用鼠标单击下方图像并按住鼠标左键不放向左拖曳，使图像的左边线和上方图像的左边线垂直对齐，如图 8-62 所示。释放鼠标，对齐后的效果如图 8-63 所示。

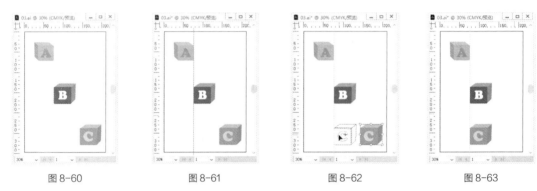

图 8-60   图 8-61   图 8-62   图 8-63

5．"透明度"控制面板

透明度是 Illustrator CC 2019 中对象的一个重要外观属性。通过设置透明度，绘图页面上的对象可以有完全透明、半透明或不透明 3 种状态。在"透明度"控制面板中，可以给对象添加不透明度，还可以改变混合模式，从而制作出新的效果。

选择"窗口 > 透明度"命令（或按 Shift +Ctrl+ F10 组合键），弹出"透明度"控制面板，如图 8-64 所示。单击控制面板右上方的 ▤ 图标，在弹出的菜单中选择"显示缩览图"命令，可以将"透明度"控制面板中的缩览图显示出来，如图 8-65 所示；在弹出的菜单中选择"显示选项"命令，可以将"透明度"控制面板中的选项显示出来，如图 8-66 所示。

图 8-64   图 8-65   图 8-66

◎ "透明度"控制面板的表面属性

在图 8-66 所示的"透明度"控制面板中，当前选中对象的缩略图出现在其中。将"不透明度"选项设置为不同的数值时，效果如图 8-67 所示（默认状态下，对象是完全不透明的）。

"透明度"面板中其他选项的功能如下。

● "隔离混合"复选框：用于使不透明度设置只影响当前组合或图层中的其他对象。

● "挖空组"复选框：用于使不透明度设置不影响当前组合或图层中的其他对象，但背景对象仍然受影响。

● "不透明度和蒙版用来定义挖空形状"复选框：勾选该复选框后，可以使用不透明度蒙版来定义对象的不透明度所产生的效果。

不透明度为 0 时

不透明度为 50% 时

不透明度为 100% 时

图 8-67

选中"图层"控制面板中要改变不透明度的图层，用鼠标单击图层右侧的◎图标，将其定义为目标图层，在"透明度"控制面板的"不透明度"选项中调整不透明度的数值，此时的调整会影响到整个图层不透明度的设置，包括此图层中已有的对象和将来绘制的任何对象。

◎ "透明度"控制面板的下拉式命令

单击"透明度"控制面板右上方的≡图标，弹出其下拉菜单，如图 8-68所示。

选择"建立不透明蒙版"命令可以将蒙版的不透明度设置应用到它所覆盖的所有对象中。

在绘图页面中选中两个对象，如图 8-69 所示，选择"建立不透明蒙版"命令，"透明度"控制面板如图 8-70 所示，制作不透明蒙版的效果如图 8-71 所示。

图 8-68

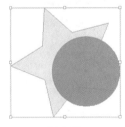
图 8-69

图 8-70

图 8-71

选择"释放不透明蒙版"命令，制作的不透明蒙版将被释放，对象恢复原来的效果。选中制作的不透明蒙版，选择"停用不透明蒙版"命令，不透明蒙版被禁用，"透明度"控制面板如图 8-72 所示。

选中制作的不透明蒙版，选择"取消链接不透明蒙版"命令，蒙版对象和被蒙版对象之间的链接关系被取消。在"透明度"控制面板中，蒙版对象和被蒙版对象缩略图之间的"指示不透明蒙版链接到图稿"按钮❽转换为"单击可将不透明蒙版链接到图稿"按钮❽，如图 8-73 所示。

图 8-72

图 8-73

选中制作的不透明蒙版，勾选"透明度"控制面板中的"剪切"复选框，如图 8-74 所示，不透明蒙版的变化效果如图 8-75 所示。勾选"透明度"控制面板中的"反相蒙版"复选框，如图 8-76 所示，不透明蒙版的变化效果如图 8-77 所示。

图 8-74   图 8-75   图 8-76   图 8-77

6. "透明度"控制面板中的混合模式

在"透明度"控制面板中提供了 16 种混合模式，如图 8-78 所示。打开一幅图像，如图 8-79 所示。在图像上选取需要的图形，如图 8-80 所示。

图 8-78   图 8-79   图 8-80

分别选择不同的混合模式，可以观察图像的不同变化，效果如图 8-81 所示。

正常模式   变暗模式   正片叠底模式   颜色加深模式

变亮模式   滤色模式   颜色减淡模式   叠加模式

图 8-81

| 柔光模式 | 强光模式 | 差值模式 | 排除模式 |

| 色相模式 | 饱和度模式 | 混色模式 | 明度模式 |

图 8-81（续）

8.1.5　【实战演练】制作旅游画册封面

使用参考线分割页面，使用文字工具、倾斜工具制作标题文字，使用矩形工具和"创建剪切蒙版"命令为图片添加剪切蒙版效果，使用文字工具、"字形"命令、"字符"控制面板和"段落"控制面板添加并编辑文字。最终效果参看云盘中的"Ch08 > 效果 > 制作旅游画册封面 .ai"，如图 8-82所示。

制作旅游
画册封面

图 8-82

8.2　制作房地产画册内页 1

8.2.1　【案例分析】

本案例是为友豪房地产的新楼盘宣传画册设计和制作画册内页 1。要求设计简洁大气，能够表现出品牌的调性。

8.2.2 【设计理念】

画册内页 1 以灰紫色为主色调，和图 8-1 所示的封面色调保持一致，沉稳大气；左侧的公司简介简单有力地展示了企业的文化、目标和承诺；右侧使用独特的布局方式展现了企业的理念近况，让用户更直观地了解企业信息，凸显了企业的诚意。最终效果参看云盘中的"ChO8 > 效果 > 制作房地产画册内页 1.ai"，如图 8-83 所示。

制作房地产
画册内页1-1

制作房地产
画册内页1-2

图 8-83

8.2.3 【操作步骤】

1. 制作公司简介

（1）打开 Illustrator CC 2019，按 Ctrl+N 组合键，弹出"新建文档"对话框，设置文档的宽度为 420 mm，高度为 285 mm，取向为横向，出血为 3 mm，颜色模式为 CMYK，单击"创建"按钮，新建一个文档。

（2）按 Ctrl+R 组合键，显示标尺。选择选择工具 ▶，在左侧标尺上向右拖曳一条垂直参考线。选择"窗口 > 变换"命令，弹出"变换"控制面板，将"X"轴选项设为 210 mm，如图 8-84 所示。按 Enter 键确定操作，如图 8-85 所示。

图 8-84

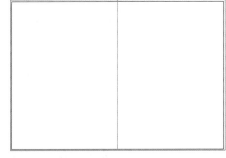

图 8-85

（3）选择"文件 > 置入"命令，弹出"置入"对话框。选择云盘中的"ChO8 > 素材 > 房地产画册内页 1 设计 > 01"文件，单击"置入"按钮，在页面中单击置入图片。单击属性栏中的"嵌入"按钮，嵌入图片。选择选择工具 ▶，拖曳图片到适当的位置，并调整其大小，效果如图 8-86 所示。

（4）选择矩形工具 ▢，在适当的位置绘制一个矩形，设置填充色为铅灰色（其 C、M、Y、K 的值分别为 41、38、40、0），填充图形，并设置描边色为无，效果如图 8-87 所示。

图 8-86

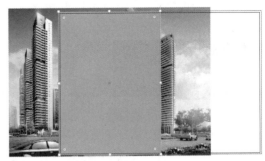

图 8-87

（5）按 Ctrl+C 组合键，复制矩形；按 Ctrl+B 组合键，将复制的矩形粘贴在后面。选择选择工具 ▶，在按住 Shift 键的同时，单击下方图片将其同时选取，如图 8-88 所示。按 Ctrl+7 组合键，建立剪切蒙版，效果如图 8-89 所示。

图 8-88

图 8-89

（6）选择选择工具 ▶，选取最上方的铅灰色矩形，如图 8-90 所示。选择"窗口 > 透明度"命令，弹出"透明度"控制面板，选项的设置如图 8-91 所示，效果如图 8-92 所示。

图 8-90

图 8-91

图 8-92

（7）选择文字工具 T，在页面左上角输入需要的文字。选择选择工具 ▶，在属性栏中选择合适的字体并设置文字大小。设置填充色为淡灰色（其 C、M、Y、K 的值分别为 0、0、0、35），填充文字，效果如图 8-93 所示。

（8）按 Ctrl+T 组合键，弹出"字符"控制面板。将"设置所选字符的字距调整"下拉列表 Ⅷ 设为 100，其他选项的设置如图 8-94 所示。按 Enter 键确定操作，效果如图 8-95 所示。

图 8-93

图 8-94

图 8-95

（9）选择直线段工具 ，在按住 Shift 键的同时，在适当的位置绘制一条竖线，设置描边色为淡灰色（其 C、M、Y、K 的值分别为 0、0、0、35），填充描边，效果如图 8-96 所示。在属性栏中将"描边粗细"选项设置为 2 pt。按 Enter 键确定操作，效果如图 8-97 所示。

图 8-96

图 8-97

（10）选择矩形工具 ，在适当的位置绘制一个矩形，设置填充色为浅褐色（其 C、M、Y、K 的值分别为 66、65、61、13），填充图形，并设置描边色为无，效果如图 8-98 所示。

（11）在属性栏中将"不透明度"选项设为 80%，按 Enter 键确定操作，效果如图 8-99 所示。使用矩形工具 ，再绘制一个矩形，填充图形为白色，并设置描边色为无，效果如图 8-100 所示。

图 8-98

图 8-99

图 8-100

（12）选择文字工具 ，在矩形上输入需要的文字。选择选择工具 ，在属性栏中选择合适的字体并设置文字大小。设置填充色为橄榄棕色（其 C、M、Y、K 的值分别为 50、50、45、0），填充文字，效果如图 8-101 所示。

（13）在"字符"控制面板中，将"设置所选字符的字距调整"下拉列表 设为 540，其他选项的设置如图 8-102 所示。按 Enter 键确定操作，效果如图 8-103 所示。

图 8-101

图 8-102

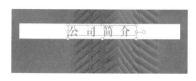

图 8-103

（14）选择矩形工具 ▣，在适当的位置绘制一个矩形，填充描边为白色，效果如图 8-104 所示。按 Ctrl+C 组合键，复制矩形；按 Ctrl+F 组合键，将复制的矩形粘贴在前面。选择选择工具 ▶，向左拖曳矩形右边中间的控制手柄到适当的位置，调整其大小，效果如图 8-105 所示。

图 8-104

图 8-105

（15）按 Shift+X 组合键，互换填色和描边，效果如图 8-106 所示。按 Ctrl+C 组合键，复制矩形；按 Ctrl+B 组合键，将复制的矩形粘贴在后面。选择选择工具 ▶，向右拖曳矩形右边中间的控制手柄到适当的位置，调整其大小，效果如图 8-107 所示。

图 8-106

图 8-107

（16）保持图形选取状态。设置填充色为黄色（其 C、M、Y、K 的值分别为 0、0、100、0），填充图形，效果如图 8-108 所示。

（17）选择文字工具 T，在适当的位置输入需要的文字。选择选择工具 ▶，在属性栏中选择合适的字体并设置文字大小，填充文字为白色，效果如图 8-109 所示。

图 8-108

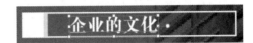

图 8-109

（18）在"字符"控制面板中，将"设置所选字符的字距调整"下拉列表 ⅤⒶ 设为 838，其他选项的设置如图 8-110 所示。按 Enter 键确定操作，效果如图 8-111 所示。

图 8-110

图 8-111

（19）选择文字工具 T，在适当的位置按住鼠标左键不放，拖曳出一个带有选中文本的文本框，如图 8-112 所示，重新输入需要的文字。选择选择工具 ▶，在属性栏中选择合适的字体并设置文字大小，填充文字为白色，效果如图 8-113 所示。

（20）在"字符"控制面板中，将"设置所选字符的字距调整"下拉列表 ⅤⒶ 设为 75，其他选项的设置如图 8-114 所示。按 Enter 键确定操作，效果如图 8-115 所示。

（21）按 Alt+Ctrl+T 组合键，弹出"段落"控制面板，将"首行左缩进"下拉列表 ≣ 设为 20 pt，其他选项的设置如图 8-116 所示。按 Enter 键确定操作，效果如图 8-117 所示。用相同的方法制作"我们的目标""我们的承诺"，效果如图 8-118 所示。

图 8-112

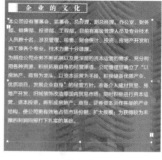

图 8-113

图 8-114

图 8-115

图 8-116

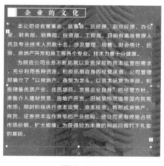

图 8-117

图 8-118

2. 制作年增长图表

（1）选择矩形工具 ▭，在适当的位置绘制一个矩形，设置填充色为橄榄棕色（其 C、M、Y、K 的值分别为 50、50、45、0），填充图形，并设置描边色为无，效果如图 8-119 所示。

（2）选择"文件 > 置入"命令，弹出"置入"对话框。选择云盘中的"Ch08 > 素材 > 房地产画册内页 1 设计 > 02"文件，单击"置入"按钮，在页面中单击置入图片。单击属性栏中的"嵌入"按钮，嵌入图片。选择选择工具 ▶，拖曳图片到适当的位置，并调整其大小，效果如图 8-120 所示。

图 8-119 图 8-120

（3）选择矩形工具 ，在适当的位置绘制一个矩形，如图 8-121 所示。选择选择工具 ，按住 Shift 键的同时，单击下方图片将其同时选取，如图 8-122 所示。按 Ctrl+7 组合键，建立剪切蒙版，效果如图 8-123 所示。

图 8-121 图 8-122 图 8-123

（4）选择文字工具 ，在适当的位置分别输入需要的文字。选择选择工具 ，在属性栏中分别选择合适的字体并设置文字大小，填充文字为白色，效果如图 8-124 所示。

（5）选择文字工具 ，在适当的位置按住鼠标左键不放，拖曳出一个带有选中文本的文本框，如图 8-125 所示，重新输入需要的文字。选择选择工具 ，在属性栏中选择合适的字体并设置文字大小，填充文字为白色，效果如图 8-126 所示。

图 8-124

图 8-125

图 8-126

（6）在"字符"控制面板中，将"设置所选字符的字距调整"下拉列表 设为 40，其他选项的设置如图 8-127 所示。按 Enter 键确定操作，效果如图 8-128 所示。

图 8-127

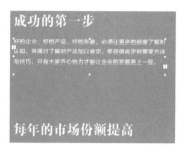

图 8-128

（7）在"段落"控制面板中，将"首行左缩进"选项 ⁺≣ 设为 20 pt，其他选项的设置如图 8-129 所示。按 Enter 键确定操作，效果如图 8-130 所示。

（8）选择直线段工具 ╱，在按住 Shift 键的同时，在适当的位置绘制一条竖线，填充描边为白色，效果如图 8-131 所示。

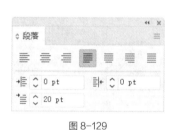

图 8-129

图 8-130　　　　　　　　　　图 8-131

（9）选择雷达图工具 ◉，在页面中单击鼠标左键，弹出"图表"对话框，设置如图 8-132 所示。单击"确定"按钮，弹出"图表数据"对话框，输入需要的数据，如图 8-133 所示。输入完成后，单击"应用"按钮 ✓，关闭"图表数据"对话框，建立雷达图表，并将其拖曳到页面中适当的位置，效果如图 8-134 所示。

图 8-132

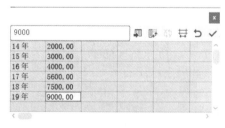

图 8-133

图 8-134

（10）选择编组选择工具 ▷，在按住 Shift 键的同时，依次单击选取需要的线条和刻度线，如图 8-135 所示。填充描边为白色，效果如图 8-136 所示。用相同的方法分别设置其他图形填充色和描边，效果如图 8-137 所示。

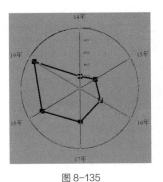
图 8-135

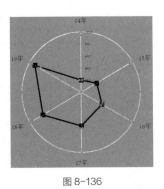
图 8-136

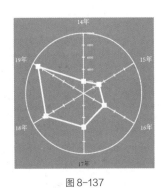
图 8-137

（11）选择"窗口 > 符号库 > 箭头"命令，弹出"箭头"控制面板，选择需要的箭头，如图 8-138 所示，选择选择工具 ▶，拖曳符号到页面中适当的位置，并调整其大小，效果如图 8-139 所示。在符号上单击鼠标右键，在弹出的下拉列表中选择"断开符号链接"命令，断开符号链接，效果如图 8-140 所示。

图 8-138

图 8-139

图 8-140

（12）填充符号图形为白色，效果如图 8-141 所示。设置描边为铅灰色（其 C、M、Y、K 的值分别为 40、40、34、0），填充符号描边，效果如图 8-142 所示。

（13）在"变换"控制面板中，将"旋转"选项设为 180°，如图 8-143 所示。按 Enter 键确定操作，效果如图 8-144 所示。

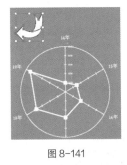
图 8-141

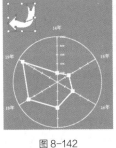
图 8-142

图 8-143

图 8-144

（14）选择文字工具 T，在符号右侧输入需要的文字。选择选择工具 ▶，在属性栏别选择合适的字体并设置文字大小，填充文字为白色，效果如图 8-145 所示。房地产画册内页 1 制作完成，效果如图 8-146 所示。

图 8-145

图 8-146

8.2.4 【相关工具】

1．图表工具

在 Illustrator CC 2019 中提供了 9 种不同的图表工具，利用这些工具可以创建不同类型的图表。

单击工具箱中的柱形图工具 ⚊ 并按住鼠标左键不放，将弹出图表工具组。工具组中包含的图表工具依次为"柱形图"工具 ⚊、"堆积柱形图"工具 ⚊、"条形图"工具 ⚊、"堆积条形图"工具 ⚊、"折线图"工具 ⚊、"面积图"工具 ⚊、"散点图"工具 ⚊、"饼图"工具 ⚊、"雷达图"工具 ⚊，如图 8-147 所示。

图 8-147

2．柱形图

柱形图是较为常用的一种图表类型，它使用一些竖排的、高度可变的矩形柱来表示各种数据，矩形的高度与数据大小成正比。创建柱形图的具体步骤如下。

选择柱形图工具 ⚊，在页面中拖曳鼠标绘制出一个矩形区域来设置图表大小，或在页面上任意位置单击鼠标，将弹出"图表"对话框，如图 8-148 所示。在"宽度"和"高度"文本框中输入图表的宽度和高度数值。设定完成后，单击"确定"按钮，将自动在页面中建立图表，效果如图 8-149 所示，同时弹出"图表数据"对话框，如图 8-150 所示。

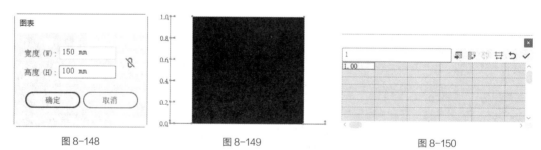

图 8-148　　　　　　　　　　图 8-149　　　　　　　　　　图 8-150

在"图表数据"对话框左上方的文本框中可以直接输入各种文本或数值，然后按 Tab 键或 Enter 键确认，文本或数值将会自动添加到"图表数据"对话框的单元格中。用鼠标单击可以选取各个单元格，输入要更改的文本或数据值后，再按 Enter 键确认。

在"图表数据"对话框右上方有一组按钮。单击"导入数据"按钮 ⚊，可以从外部文件中输入数据信息；单击"换位行 / 列"按钮 ⚊，可将横排和竖排的数据相互交换位置；单击"切换 x/y 轴"按钮 ⚊，将调换 x 轴和 y 轴的位置；单击"单元格样式"按钮 ⚊，弹出"单元格样式"对话框，可以设置单元格的样式；单击"恢复"按钮 ⚊，在没有单击应用按钮以前使文本框中的数据恢复到前一个状态；单击"应用"按钮✓，确认输入的数值并生成图表。

单击"单元格样式"按钮⊟，将弹出"单元格样式"对话框，如图 8-151 所示。该对话框可以设置小数点的位置和数字栏的宽度。可以在"小数位数"和"列宽度"文本框中输入所需要的数值。另外，将鼠标指针放置在各单元格相交处时，指针将会变成两条竖线和双向箭头的形状╫╫，这时拖曳鼠标可调整数字栏的宽度。

双击柱形图工具▥，将弹出"图表类型"对话框，如图 8-152 所示。柱形图表是默认的图表，其他参数也是采用默认设置，单击"确定"按钮。

图 8-151　　　　　　　　　　　　　　　　图 8-152

在"图表数据"对话框中的文本表格的第 1 格中单击，删除默认数值 1。按照文本表格的组织方式输入数据。如用来比较 3 个人 3 科分数情况，如图 8-153 所示。

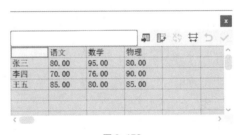

图 8-153

单击"应用"按钮✓，生成图表，所输入的数据被应用到图表上，柱形图效果如图 8-154 所示。从图中可以看到，柱形图是对每一行中的数据进行比较。

在"图表数据"对话框中单击"换位行/列"按钮▤，互换行、列数据得到新的柱形图，效果如图 8-155 所示。在"图表数据"对话框中单击关闭按钮✕将对话框关闭。

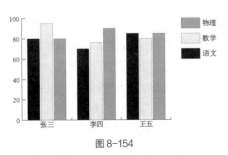
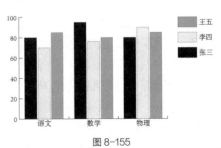

图 8-154　　　　　　　　　　　　　　　图 8-155

当需要对柱形图中的数据进行修改时，先选取要修改的图表，选择"对象 > 图表 > 数据"命令，弹出"图表数据"对话框。在对话框中可以修改数据，设置数据后，单击"应用"按钮✓，将修改后的数据应用到选定的图表中。

选取图表，用鼠标右键单击页面，在弹出的快捷菜单中选择"类型"命令，弹出"图表类型"对话框，可以在对话框中选择其他的图表类型。

3. "图表数据"对话框的使用

选中图表，单击鼠标右键，在弹出的快捷菜单中选择"数据"命令，或直接选择"对象 > 图表 > 数据"命令，弹出"图表数据"对话框。在对话框中可以进行数据的修改。

（1）编辑一个单元格

选取该单元格，在文本框中输入新的数据，按 Enter 键确认并下移到另一个单元格。

（2）删除数据

选取数据单元格，删除文本框中的数据，按 Enter 键确认并下移到另一个单元格。

（3）删除多个数据

选取要删除数据的多个单元格，选择"编辑 > 清除"命令，即可删除多个数据。

4. "图表类型"对话框的使用

◎ 设置图表选项

选中图表，双击图表工具或选择"对象 > 图表 > 类型"命令，弹出"图表类型"对话框，如图 8-156 所示。在"数值轴"下拉列表中包括"位于左侧""位于右侧"和"位于两侧"选项，分别用来表示图表中坐标轴的位置，可根据需要选择（对饼形图表来说此选项不可用）。

图 8-156

"样式"选项组包括 4 个选项：勾选"添加投影"复选框，可以为图表添加一种阴影效果；勾选"在顶部添加图例"复选框，可以将图表中的图例说明放到图表的顶部；勾选"第一行在前"复选框，图表中的各个柱形或其他对象将会重叠地覆盖行，并按照从左到右的顺序排列；"第一列在前"复选框是默认选项，表示从左到右依次放置柱形。

"选项"选项组包括两个选项："列宽""簇宽度"文本框分别用于控制图表的横栏宽和组宽。横栏宽是指图表中每个柱形条的宽度，组宽是指所有柱形所占据的可用空间。

选择折线图、散点图和雷达图时，"选项"选框组如图 8-157 所示。勾选"标记数据点"复选框，使数据点显示为正方形，否则直线段中间的数据点不显示；勾选"连接数据点"复选框，在每组数据点之间进行连线，否则只显示一个个孤立的点；勾选"线段边到边跨 x 轴"复选框，将线条从图表左边和右边伸出，它对分散图表无作用；勾选"绘制填充线"复选框，将激活其下方的"线宽"选项。

选择饼图时，"选项"选项组如图 8-158 所示。对于饼图，"图例"下拉列表用于控制图例的显示：选择"无图例"选项即是不要图例，选择"标准图例"选项将图例放在图表的外围，选择"楔形图例"选项将图例插入相应的扇形中。"位置"下拉列表用于控制饼图及扇形块的摆放位置：选择"比例"选项将按比例显示各个饼图的大小，选择"相等"选项使所有饼图的直径相等，选择"堆积"选项将所有的饼图叠加在一起。"排序"下拉列表用于控制图表元素的排列顺序：选择"全部"选项将元素信息由大到小顺时针排列；"第一个"选项将最大值元素信息放在顺时针方向的第一个，其余按输入顺序排列；选择"无"选项则按元素的输入顺序顺时针排列。

图 8-157	图 8-158

◎ 设置数值轴

在"图表类型"对话框左上方的下拉列表中选择"数值轴"选项，切换到相应的对话框，如图 8-159 所示。其中主要选项的功能如下。

● "刻度值"选项组：当勾选"忽略计算出的值"复选框时，下面的 3 个文本框被激活。"最小值"文本框中的数值表示坐标轴的起始值，也就是图表原点的坐标值，它不能大于"最大值"项的数值；"最大值"文本框中的数值表示的是坐标轴的最大刻度值；"刻度"文本框中的数值用来决定将坐标轴上下分为多少部分。

● "刻度线"选项组：包括"长度"下拉列表和"绘制"文本框两个选项。"长度"下拉列表中包括 3 项：选择"无"选项，表示不使用刻度标记；选择"短"选项，表示使用短的刻度标记；选择"全宽"选项，刻度线将贯穿整个图表，效果如图 8-160 所示。"绘制"文本框中的数值表示每一个坐标轴间隔的区分标记。

图 8-159

● "添加标签"选项组："前缀"文本框用于设置数值前的符号，"后缀"文本框用于设置数值后的符号。在"后缀"文本框中输入"分"后，图表效果如图 8-161 所示。

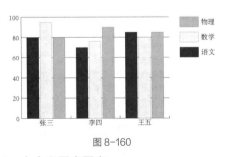

图 8-160

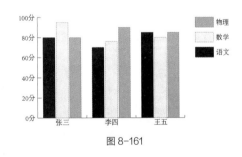

图 8-161

5. 自定义图表图案

在页面中绘制图形，效果如图 8-162 所示。选取图形，选择"对象 > 图表 > 设计"命令，弹出"图表设计"对话框。单击"新建设计"按钮，在预览框中将会显示所绘制的图形，对话框中的"删除设计"按钮、"粘贴设计"按钮和"选择未使用的设计"按钮被激活，如图 8-163 所示。

单击"重命名"按钮，弹出"图表设计"对话框，在对话框中输入自定义图案的名称，如图 8-164 所示，单击"确定"按钮，完成命名。

图 8-162

图 8-163

图 8-164

在"图表设计"对话框中单击"粘贴设计"按钮，可以将图案粘贴到页面中，对图案可以重新进行修改和编辑。编辑修改后的图案，还可以再将其重新定义。在对话框中编辑完成后，单击"确定"按钮，完成对一个图表图案的定义。

6. 应用图表图案

用户可以将自定义的图案应用到图表中。选择要应用图案的图表，再选择"对象 > 图表 > 柱形图"命令，弹出"图表列"对话框，如图 8-165 所示。

在"列类型"下拉列表包括 4 种缩放图案的类型：选择"垂直缩放"选项将根据数据的大小，对图表的自定义图案进行垂直方向上的放大与缩小，水平方向上保持不变；选择"一致缩放"选项图表将按照图案的比例并结合图表中数据的大小对图案进行放大和缩小；选择"重复堆叠"选项可以把图案的一部分拉伸或压缩；"局部缩放"选项与"垂直缩放"选项类似，但可以指定伸展或缩放的位置。"重复堆叠"选项要和"每个设计表示"文本框、"对于分数"下拉列表结合使用。"每个设计表示"文本框用于设置每个图案代表几个单位，如果在文本框中输入 50，表示 1 个图案就代表 50 个单位。在"对于分数"下拉列表中，选择"截断设计"选项表示不足一个图案时由图案的一部分来表示；选择"缩放设计"选项表示不足一个图案时，将通过对最后那个图案成比例地压缩来表示。

设置完成后，单击"确定"按钮，将自定义的图案应用到图表中，效果如图 8-166 所示。

图 8-165

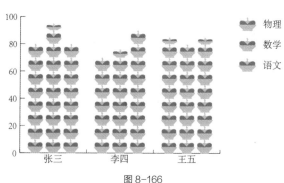
图 8-166

7. 文本对齐

"段落"控制面板提供了文本对齐、段落缩进、段落间距和制表符等设置，可用于处理较长的文本。选择"窗口 > 文字 > 段落"命令（或按 Alt+Ctrl+T 组合键），弹出"段落"控制面板，如图 8-167 所示。

文本对齐是指所有的文字在段落中按一定的标准有序地排列。Illustrator CC 2019 提供了 7 种文本对齐的方式，分别为左对齐▤、居中对齐▤、右对齐▤、两端对齐末行左对齐▤、两端对齐末行居中对齐▤、两端对齐末行右对齐▤和全部两端对齐▤。

选中要对齐的段落文本，单击"段落"控制面板中的各个对齐方式按钮，应用不同对齐方式的段落文本效果如图 8-168 所示。

图 8-167

8．段落缩进

段落缩进是指在一个段落文本开始时需要空出的字符位置。选定的段落文本可以是文本块、区域文本或文本路径。段落缩进有 5 种方式："左缩进"▤、"右缩进"▤、"首行左缩进"▤、"段前间距"▤和"段后间距"▤。

左对齐	居中对齐	右对齐

两端对齐末行左对齐	两端对齐末行居中对齐	两端对齐末行右对齐	全部两端对齐

图 8-168

选中段落文本，单击"左缩进"按钮▤或"右缩进"按钮▤，在数值框内输入合适的数值。单击数值框右边的微调按钮↕，一次可以调整 1pt。在数值框内输入正值时，表示文本框和文本之间的距离拉开；输入负值时，表示文本框和文本之间的距离缩小。

单击"首行左缩进"按钮▤，在第 1 行左缩进数值框内输入数值，可以设置首行缩进后空出的字符位置。应用"段前间距"按钮▤和"段后间距"按钮▤，可以设置段落间的距离。

选中要缩进的段落文本，单击"段落"控制面板中的各缩进方式按钮，应用不同缩进方式的段落文本效果如图 8-169 所示。

左缩进	右缩进	首行左缩进

图 8-169

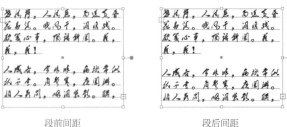

段前间距　　　　　　　　段后间距

图 8-169（续）

8.2.5 【实战演练】制作旅游画册内页 1

使用矩形工具、"创建剪切蒙版"命令为图片添加剪切蒙版效果，使用文字工具、"字符"控制面板和"段落"控制面板制作内页标题和内容文字，最终效果参看云盘中的"Ch08 > 效果 > 制作旅游画册内页 1.ai"，如图 8-170 所示。

图 8-170

8.3 综合演练——制作房地产画册内页 2

8.3综合演练

制作房地产
画册内页2-1

制作房地产
画册内页2-2

8.4 综合演练——制作旅游画册内页 2

8.4综合演练

制作旅游
画册内页2

09

第 9 章
包装设计

包装就是商品的品牌形象。优秀的包装设计可以起到美化商品及传达商品信息的作用，让商品在同类商品中脱颖而出，吸引消费者的注意力并引发其购买行为。本章通过设计制作多个类别的商品包装，讲解包装的设计方法和制作技巧。

课堂学习目标

- ✓ 熟悉包装的设计思路和过程
- ✓ 掌握制作包装的相关工具的用法
- ✓ 掌握包装的制作方法和技巧

9.1 制作柠檬汁包装

9.1.1 【案例分析】

本案例是为一款柠檬汁设计包装。要求设计清新，符合产品健康饮品的定位。

9.1.2 【设计理念】

包装整体使用绿色，并配以柠檬横截面的图案，清新且富有创意；简约的文字重点宣传产品美味、健康的特点。最终效果参看云盘中的"Ch09 > 效果 > 制作柠檬汁包装 .ai"，如图 9-1 所示。

图 9-1

制作柠檬汁包装1　　制作柠檬汁包装2　　制作柠檬汁包装3

9.1.3 【操作步骤】

1. 添加包装名称

（1）打开 Illustrator CC 2019，按 Ctrl+N 组合键，弹出"新建文档"对话框，设置文档的宽度为 297mm，高度为 210mm，取向为横向，出血为 3mm，颜色模式为 CMYK，单击"创建"按钮，新建一个文档。

（2）选择矩形工具▢，绘制一个与页面大小相等的矩形，如图 9-2 所示。双击渐变工具▣，弹出"渐变"控制面板。单击"径向渐变"按钮▣，在色带上设置两个渐变滑块，分别将渐变滑块的位置设为 0、100，并设置 C、M、Y、K 的值分别为 0 处（2、0、20、0）、100 处（7、2、51、0），其他选项的设置如图 9-3 所示，为图形填充渐变色，并设置描边色为无，效果如图 9-4 所示。按 Ctrl+2 组合键，锁定所选对象。

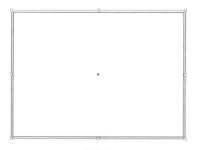

图 9-2

图 9-3

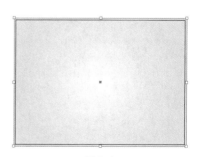

图 9-4

（3）按 Ctrl+O 组合键，打开云盘中的"Ch09 > 素材 > 制作柠檬汁包装 > 01"文件，选择选择工具▶，选取需要的图形，按 Ctrl+C 组合键，复制图形。选择正在编辑的页面，按 Ctrl+V 组合键，将其粘贴到页面中，并拖曳复制的图形到适当的位置，效果如图 9-5 所示。

（4）选择矩形工具▢，在页面中单击鼠标左键，弹出"矩形"对话框，选项的设置如图 9-6 所示。单击"确定"按钮，出现一个矩形。选择选择工具▶，拖曳矩形到适当的位置，效果如图 9-7 所示。

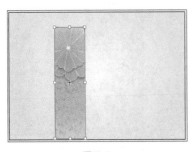

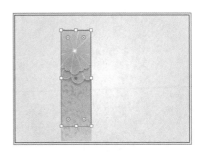

图 9-5　　　　　　　　　　　　图 9-6　　　　　　　　　　　　图 9-7

（5）在按住 Shift 键的同时，单击下方图形将其同时选取，如图 9-8 所示。按 Ctrl+7 组合键，建立剪切蒙版，效果如图 9-9 所示。

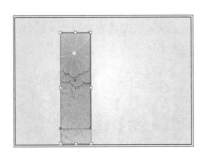
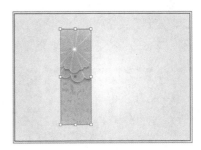

图 9-8　　　　　　　　　　　　　　　　图 9-9

（6）选择文字工具**T**，在页面中输入需要的文字。选择选择工具▶，在属性栏中选择合适的字体并设置文字大小，效果如图 9-10 所示。设置填充色为黄色（其 C、M、Y、K 的值分别为 8、4、64、0），填充文字，效果如图 9-11 所示。

（7）保持文字选取状态。设置描边色为深绿色（其 C、M、Y、K 的值分别为 67、23、94、0），填充描边，效果如图 9-12 所示。在属性栏中将"描边粗细"选项设置为 5 pt，按 Enter 键确定操作，效果如图 9-13 所示。

图 9-10　　　　　　　　图 9-11　　　　　　　　图 9-12　　　　　　　　图 9-13

（8）选择文字工具**T**，在适当的位置输入需要的文字。选择选择工具▶，在属性栏中选择合适的字体并设置文字大小，填充文字为白色，效果如图9-14所示。

（9）按Ctrl+T组合键，弹出"字符"控制面板，将"水平缩放"下拉列表**I**设为58%，其他选项的设置如图9-15所示。按Enter键确定操作，效果如图9-16所示。

图9-14 　　　　　　　　　　　图9-15 　　　　　　　　　　　图9-16

（10）按Ctrl+C组合键，复制文字；按Ctrl+B组合键，将复制的文字粘贴在后面。按向右方向键→，微调复制的文字到适当的位置，效果如图9-17所示。设置填充色为草绿色（其C、M、Y、K的值分别为51、0、87、0），填充文字，效果如图9-18所示。

图9-17 　　　　　　　　　　　　　　　　　图9-18

2．添加包装信息

（1）选择圆角矩形工具□，在页面中单击鼠标左键，弹出"圆角矩形"对话框，选项的设置如图9-19所示，单击"确定"按钮，出现一个圆角矩形。选择选择工具▶，拖曳圆角矩形到适当的位置，效果如图9-20所示。设置填充色为深绿色（其C、M、Y、K的值分别为67、23、94、0），填充图形，并设置描边色为无，效果如图9-21所示。

图9-19 　　　　　　　　　　　图9-20 　　　　　　　　　　　图9-21

（2）选择文字工具 T，在适当的位置分别输入需要的文字。选择选择工具 ▶，在属性栏中分别选择合适的字体并设置文字大小，填充文字为白色，效果如图 9-22 所示。

（3）选取文字"高营养"，设置描边色为浅黄色（其 C、M、Y、K 的值分别为 9、29、86、0），填充描边，并在属性栏中将"描边粗细"选项设置为 0.5 pt。按 Enter 键确定操作，效果如图 9-23 所示。

图 9-22

图 9-23

（4）选择文字工具 T，在适当的位置输入需要的文字。选择选择工具 ▶，在属性栏中选择合适的字体并设置文字大小，效果如图 9-24 所示。设置填充色为黄色（其 C、M、Y、K 的值分别为 8、4、64、0），填充文字，效果如图 9-25 所示。

图 9-24

图 9-25

（5）保持文字选取状态。设置描边色为草绿色（其 C、M、Y、K 的值分别为 51、0、87、0），填充描边，效果如图 9-26 所示。选择"窗口 > 描边"命令，弹出"描边"控制面板，单击"边角"选项中的"圆角连接"按钮 ，其他选项的设置如图 9-27 所示。按 Enter 键确定操作，如图 9-28 所示。

图 9-26

图 9-27

图 9-28

（6）选择"窗口 > 外观"命令，弹出"外观"控制面板，选中"描边"选项，如图 9-29 所示。单击"复制所选项目"按钮 ，复制"描边"选项，如图 9-30 所示。

（7）保持文字选取状态。设置描边色为深绿色（其 C、M、Y、K 的值分别为 67、23、94、0），填充描边，在属性栏中将"描边粗细"选项设置为 4 pt。按 Enter 键确定操作，效果如图 9-31 所示。

（8）选择"效果 > 变形 > 凸出"命令，在弹出的"变形选项"对话框中进行设置，如图 9-32 所示。单击"确定"按钮，效果如图 9-33 所示。

图 9-29

图 9-30

图 9-31

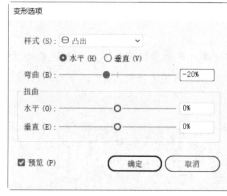

图 9-32

图 9-33

（9）选择直线段工具，在按住 Shift 键的同时，在适当的位置绘制一条直线，如图 9-34 所示。在"描边"控制面板中，单击"端点"选项中的"圆头端点"按钮，其他选项的设置如图 9-35 所示。按 Enter 键，效果如图 9-36 所示。

图 9-34

图 9-35

图 9-36

（10）选择整形工具，将鼠标指针放置在线段中间位置，单击并向下拖曳鼠标到适当的位置，如图 9-37 所示。松开鼠标，调整线段弧度，效果如图 9-38 所示。

图 9-37

图 9-38

（11）选择选择工具，选取曲线。双击镜像工具，弹出"镜像"对话框，选项的设置如

图 9-39 所示。单击 "复制" 按钮，镜像并复制图形，效果如图 9-40 所示。

图 9-39

图 9-40

（12）选择选择工具，在按住 Shift 键的同时，垂直向下拖曳复制的图形到适当的位置，效果如图 9-41 所示。

（13）选择文字工具 T，在适当的位置输入需要的文字。选择选择工具，在属性栏中选择合适的字体并设置文字大小，填充文字为白色，效果如图 9-42 所示。

图 9-41

图 9-42

（14）选择矩形工具，在适当的位置绘制一个矩形，如图 9-43 所示。选择添加锚点工具，在矩形右边中间位置单击鼠标左键，添加一个锚点，如图 9-44 所示。

图 9-43

图 9-44

（15）选择直接选择工具，选取添加的锚点，并向左拖曳锚点到适当的位置，效果如图 9-45 所示。选择选择工具，选取图形，设置填充色为深绿色（其 C、M、Y、K 的值分别为 67、23、94、0），填充图形，并设置描边色为无，效果如图 9-46 所示。

（16）按 Ctrl+O 组合键，打开云盘中的 "Ch09 > 素材 > 制作柠檬汁包装 > 02" 文件，选择选择工具▶，选取需要的图形，按 Ctrl+C 组合键，复制图形。选择正在编辑的页面，按 Ctrl+V 组合键，将其粘贴到页面中，并拖曳复制的图形到适当的位置，效果如图 9-47 所示。

图 9-45   图 9-46   图 9-47

3. 制作包装立体展示图

（1）按 Ctrl+O 组合键，打开云盘中的"Ch09 > 素材 > 制作柠檬汁包装 > 03"文件，选择选择工具▶，选取需要的图形，按 Ctrl+C 组合键，复制图形。选择正在编辑的页面，按 Ctrl+V 组合键，将其粘贴到页面中，并拖曳复制的图形到适当的位置，效果如图 9-48 所示。用框选的方法将左侧的图形和文字同时选取，按 Ctrl+G 组合键，将其编组，如图 9-49 所示。

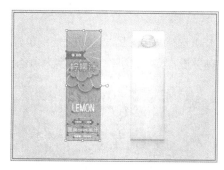

图 9-48   图 9-49

（2）选择选择工具▶，在按住 Alt+Shift 组合键的同时，水平向右拖曳编组图形到适当的位置，复制编组图形，效果如图 9-50 所示。选择钢笔工具✐，在适当的位置绘制一个不规则图形，如图 9-51 所示。

图 9-50   图 9-51

（3）选择选择工具▶，在按住 Shift 键的同时，单击下方编组图形将其同时选取，如图 9-52 所示。按 Ctrl+7 组合键，建立剪切蒙版，效果如图 9-53 所示。

图 9-52

图 9-53

（4）选择"窗口 > 透明度"命令，弹出"透明度"控制面板，将混合模式设为"正片叠底"，其他选项的设置如图 9-54 所示。按 Enter 键确定操作，效果如图 9-55 所示。

图 9-54

图 9-55

（5）按 Ctrl+ [组合键，将图形后移一层，效果如图 9-56 所示。柠檬汁包装制作完成，效果如图 9-57 所示。

图 9-56

图 9-57

9.1.4 【相关工具】

1. 制作图像蒙版

将一个对象制作为蒙版后，对象的内部变得完全透明，这样就可以显示下面的被蒙版对象，同时也可以遮挡住不需要显示或打印的部分。

（1）使用"建立"命令制作蒙版

选择"文件 > 置入"命令，在弹出的"置入"对话框中选择图像文件。单击"置入"按钮，图像出现在页面中，效果如图 9-58 所示。选择椭圆工具◯，在图像上绘制一个椭圆形作为蒙版，如

图 9-59 所示。

图 9-58

图 9-59

使用选择工具▶，同时选中图像和椭圆形，如图 9-60 所示（作为蒙版的图形必须在图像的上面）。选择"对象 > 剪切蒙版 > 建立"命令（或按 Ctrl+7 组合键），制作出蒙版效果，如图 9-61 所示，图像在椭圆形蒙版外面的部分被隐藏。取消选取状态，蒙版效果如图 9-62 所示。

图 9-60

图 9-61

图 9-62

（2）使用鼠标右键的弹出式命令制作蒙版

使用选择工具▶，选中图像和椭圆形，在选中的对象上单击鼠标右键，在弹出的快捷菜单中选择"建立剪切蒙版"命令，制作出蒙版效果。

（3）用"图层"控制面板中的命令制作蒙版

使用选择工具▶，选中图像和椭圆形，单击"图层"控制面板右上方的图标≡，在弹出的快捷菜单中选择"建立剪切蒙版"命令，制作出蒙版效果。

2．编辑图像蒙版

制作蒙版后，还可以对蒙版进行编辑，如查看蒙版、锁定蒙版、添加对象到蒙版和删除被蒙版的对象等操作。

◎ 查看蒙版

使用选择工具▶，选中蒙版图像，如图 9-63 所示。单击"图层"控制面板右上方的≡图标，在弹出的菜单中选择"定位对象"命令，"图层"控制面板如图 9-64 所示。可以在"图层"控制面板中查看蒙版状态，也可以编辑蒙版。

◎ 锁定蒙版

使用选择工具▶，选中需要锁定的蒙版图像，如图 9-65 所示。选择"对象 > 锁定 > 所选对象"命令，可以锁定蒙版图像，效果如图 9-66 所示。

◎ 添加对象到蒙版

选中要添加的对象，如图 9-67 所示。选择"编辑 > 剪切"命令，剪切该对象。使用直接选择工具▷，选中被蒙版图形中的对象，如图 9-68 所示。选择"编辑 > 贴在前面或贴在后面"命令，就可以将要添加的对象粘贴到相应的蒙版图形的前面或后面，并成为图形的一部分，贴在前面的效果如图 9-69 所示。

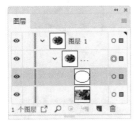

图 9-63 　　　　　　　　图 9-64 　　　　　　　　图 9-65 　　　　　　　　图 9-66

图 9-67 　　　　　　　　　图 9-68 　　　　　　　　　图 9-69

◎ 删除被蒙版的对象

选中被蒙版的对象，选择"编辑 > 清除"命令或按 Delete 键，即可删除被蒙版的对象。

还可以在"图层"控制面板中选中被蒙版对象所在图层，再单击"图层"控制面板下方的"删除所选图层"按钮 🗑️，也可删除被蒙版的对象。

3. "变形"效果

"变形"效果使对象扭曲或变形，可作用的对象有路径、文本、网格、混合和栅格图像，如图 9-70 所示。

图 9-70

"变形"效果组中的效果如图 9-71 所示。

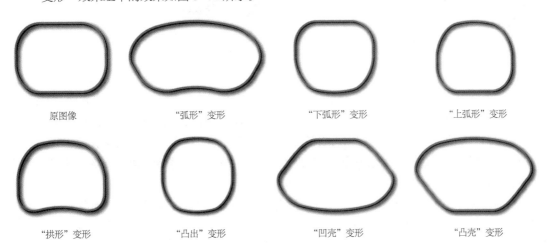

原图像 　　　　　　"弧形"变形 　　　　　"下弧形"变形 　　　　　"上弧形"变形

"拱形"变形 　　　　　"凸出"变形 　　　　　"凹壳"变形 　　　　　"凸壳"变形

图 9-71

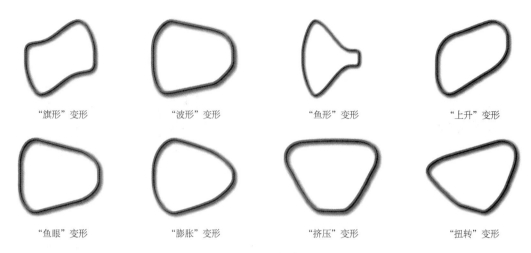

"旗形"变形 　　　　"波形"变形 　　　　"鱼形"变形 　　　　"上升"变形

"鱼眼"变形 　　　　"膨胀"变形 　　　　"挤压"变形 　　　　"扭转"变形

图 9-71（续）

4．"外观"控制面板

在 Illustrator CC 2019 的"外观"控制面板中，可以查看当前对象或图层的外观属性，其中包括应用到对象上的效果、描边颜色、描边粗细、填色、不透明度等。

选择"窗口 > 外观"命令，弹出"外观"控制面板。选中一个对象，如图 9-72 所示，在"外观"控制面板中将显示该对象的各项外观属性，如图 9-73 所示。

"外观"控制面板可分为 2 个部分。

第 1 部分为显示当前选择，可以显示当前路径或图层的缩略图。

第 2 部分为当前路径或图层的全部外观属性列表。它包括应用到当前路径上的效果、描边颜色、描边粗细、填色和不透明度等。如果同时选中的多个对象具有不同的外观属性，如图 9-74 所示，"外观"控制面板将无法一一显示，只能提示当前选择为混合外观，如图 9-75 所示。

图 9-72 　　　　　　图 9-73 　　　　　　图 9-74 　　　　　　图 9-75

在"外观"控制面板中，各项外观属性是有层叠顺序的。在列举选取区的效果属性时，后应用的效果位于先应用的效果之上。拖曳代表各项外观属性的列表项，可以重新排列外观属性的层叠顺序，从而影响到对象的外观。例如，当图像的描边属性在填色属性之上时，图像效果如图 9-76 所示。在"外观"控制面板中将描边属性拖曳到填色属性的下方，如图 9-77 所示。改变层叠顺序后图像效果如图 9-78 所示。

在创建新对象时，Illustrator CC 2019 将把当前设置的外观属性自动添加到新对象上。

| 图 9-76 | 图 9-77 | 图 9-78 |

9.1.5　【实战演练】制作咖啡包装

使用星形工具、"圆角"命令和钢笔工具制作咖啡标志，使用文字工具添加标志文字，使用矩形工具、倾斜工具制作咖啡包装。最终效果参看云盘中的"Ch09 > 效果 > 制作咖啡包装 .ai"，如图 9-79 所示。

图 9-79

制作咖啡包装

9.2　制作巧克力豆包装

9.2.1　【案例分析】

本案例是为一款巧克力豆制作包装。要求设计传达出巧克力豆健康美味可口的特点，图案可爱、醒目，能够快速地吸引消费者的注意。

9.2.2　【设计理念】

包装采用卡通的小熊形象作为主体，能够带给人憨厚可爱的感觉；小熊肚子的部位被巧妙地设计为透明材质，既能让人直观地看到巧克力豆，又增添了趣味性，更易吸引消费者关注。最终效果参看云盘中的"Ch09 > 效果 > 制作巧克力豆包装 .ai"，如图 9-80 所示。

制作巧克力豆
包装1

制作巧克力豆
包装2

制作巧克力豆
包装3

图 9-80

9.2.3 【操作步骤】

1. 绘制包装底图

（1）打开 Illustrator CC 2019，按 Ctrl+N 组合键，弹出"新建文档"对话框。设置文档的宽度为 297mm，高度为 210mm，取向为横向，出血为 3mm，颜色模式为 CMYK，单击"创建"按钮，新建一个文档。

（2）选择钢笔工具 ✐，在适当的位置绘制图形。双击渐变工具 ▣，弹出"渐变"控制面板。单击"线性渐变"按钮 ▣，在色带上设置 4 个渐变滑块，分别将渐变滑块的位置设为 0、12、94、100，并设置 C、M、Y、K 的值分别为 0 处（26、23、30、0）、12 处（0、7、15、0）、94 处（0、7、15、0）、100 处（9、12、20、0），其他选项的设置如图 9-81 所示。为图形填充渐变色，设置描边色为无，效果如图 9-82 所示。

图 9-81

图 9-82

（3）选择钢笔工具 ✐，在适当的位置绘制图形，设置填充色为深灰色（其 C、M、Y、K 的值分别为 55、54、56、1），填充图形，并设置描边色为无，效果如图 9-83 所示。选择"窗口 > 透明度"命令，在弹出的"透明度"面板中进行设置，如图 9-84 所示。按 Enter 键确认操作，效果如图 9-85所示。

图 9-83   图 9-84   图 9-85

（4）保持图形选取状态。选择"效果 > 模糊 > 高斯模糊"命令，在弹出的"高斯模糊"对话框中进行设置，如图 9-86 所示。单击"确定"按钮，效果如图 9-87 所示。用相同的方法制作其他图形，效果如图 9-88 所示。选择钢笔工具 ，在适当的位置绘制白色高光图形，效果如图 9-89所示。

图 9-86   图 9-87   图 9-88   图 9-89

（5）选择直线段工具 ，在按住 Shift 键的同时，在适当的位置绘制一条直线，设置描边色为深灰色（其 C、M、Y、K 的值分别为 22、24、30、0），填充描边，效果如图 9-90 所示。

图 9-90

（6）选择选择工具 ，在按住 Alt+Shift 组合键的同时，垂直向下拖曳直线到适当的位置，复制直线，效果如图 9-91 所示。连续按 Ctrl+D 组合键，再复制出多条直线，效果如图 9-92 所示。

图 9-91   图 9-92

2．绘制小熊头部及五官

（1）按 Ctrl+O 组合键，打开云盘中的"Ch09 > 素材 > 制作巧克力豆包装 > 01"文件。选择选择工具 ，选取需要的图形，按 Ctrl+C 组合键，复制图形。选择正在编辑的页面，按Ctrl+V 组合键，将其粘贴到页面中，并拖曳复制的图形到适当的位置，效果如图 9-93 所示。

（2）选择椭圆工具 ⬭，在按住 Shift 键的同时，在页面外绘制一个圆形，如图 9-94 所示。设置填充色为棕色（其 C、M、Y、K 的值分别为 21、45、56、0），填充图形，并设置描边色为无，效果如图 9-95 所示。

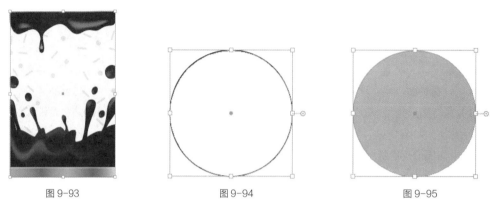

图 9-93   图 9-94   图 9-95

（3）按 Ctrl+C 组合键，复制圆形；连续 2 次按 Ctrl+F 组合键，将复制的图形粘贴在前面。微调复制的圆形到适当的位置，效果如图 9-96 所示。选择选择工具 ▶，在按住 Shift 键的同时，单击原图形将其同时选取，如图 9-97 所示。

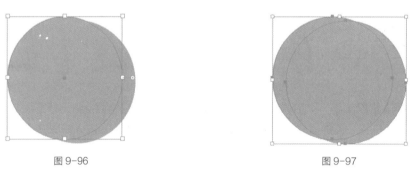

图 9-96   图 9-97

（4）选择"窗口 > 路径查找器"命令，弹出"路径查找器"控制面板，单击"减去顶层"按钮 ⬚，如图 9-98 所示。生成新的对象，效果如图 9-99 所示。设置填充色为深棕色（其 C、M、Y、K 的值分别为 36、53、62、0），填充图形，效果如图 9-100 所示。

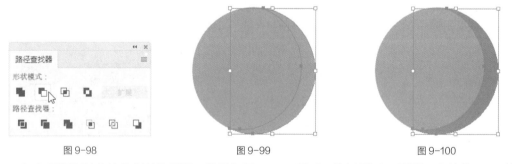

图 9-98   图 9-99   图 9-100

（5）用相同的方法绘制其他图形，效果如图 9-101 所示。选择椭圆工具 ⬭，在按住 Shift 键的同时，在适当的位置绘制一个圆形，如图 9-102 所示。

图 9-101　　　　　　　　　　　　　　　　图 9-102

（6）双击渐变工具 ，弹出"渐变"控制面板。单击"径向渐变"按钮 ，在色带上设置两个渐变滑块，分别将渐变滑块的位置设为 0、100，并设置 C、M、Y、K 的值分别为 0 处（52、74、78、17）、100 处（61、81、91、48），其他选项的设置如图 9-103 所示。为图形填充渐变色，设置描边色为无，效果如图 9-104 所示。

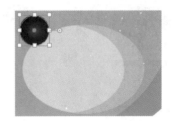

图 9-103　　　　　　　　　　　　　　　　图 9-104

（7）连续按 Ctrl+ [组合键，将圆形向后移至适当的位置，效果如图 9-105 所示。选择选择工具 ，在按住 Alt+Shift 组合键的同时，水平向右拖曳圆形到适当的位置，复制圆形，效果如图 9-106 所示。用相同的方法再绘制一个椭圆形，填充相同的渐变色，效果如图 9-107 所示。

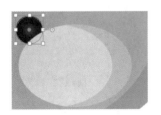
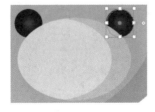

图 9-105　　　　　　　　　图 9-106　　　　　　　　　图 9-107

（8）选择直线段工具 ，在按住 Shift 键的同时，在适当的位置绘制一条竖线。在属性栏中将"描边粗细"选项设置为 2.5 pt，按 Enter 键确定操作，效果如图 9-108 所示。设置描边色为暗棕色（其C、M、Y、K 的值分别为 59、79、88、41），填充描边，效果如图 9-109 所示。

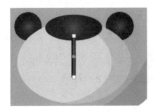

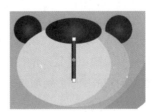

图 9-108　　　　　　　　　　　　　　　　图 9-109

（9）选择直线段工具 ✐，在按住 Shift 键的同时，在适当的位置绘制一条直线，设置描边色为暗棕色（其 C、M、Y、K 的值分别为 59、79、88、41），填充描边，效果如图 9-110 所示。

（10）选择"窗口 > 描边"命令，弹出"描边"控制面板，单击"端点"选项中的"圆头端点"按钮 ⬭，其他选项的设置如图 9-111 所示，效果如图 9-112 所示。

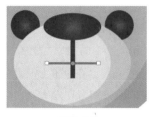

图 9-110　　　　　　　　　　图 9-111　　　　　　　　　　图 9-112

（11）选择整形工具 ⬬，将鼠标指针放置在线段中间位置，如图 9-113 所示。单击并向下拖曳鼠标到适当的位置，如图 9-114 所示。松开鼠标，调整线段弧度，效果如图 9-115 所示。

图 9-113　　　　　　　　　　图 9-114　　　　　　　　　　图 9-115

（12）选择椭圆工具 ◯，在按住 Shift 键的同时，在适当的位置绘制一个圆形，如图 9-116 所示。选择吸管工具 ✐，将吸管图标 ✐ 放置在下方圆形上，如图 9-117 所示。单击鼠标左键吸取属性，效果如图 9-118 所示。

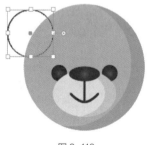

图 9-116　　　　　　　　　　图 9-117　　　　　　　　　　图 9-118

（13）选择"对象 > 变换 > 缩放"命令，在弹出的"比例缩放"对话框中进行设置，如图 9-119 所示。单击"复制"按钮，缩小并复制圆形，效果如图 9-120 所示。设置填充色为褐色（其 C、M、Y、K 的值分别为 31、59、71、0），填充图形，效果如图 9-121 所示。

（14）选择选择工具 ▶，在按住 Shift 键的同时，单击原图形将其同时选取，如图 9-122 所示。按 Shift+Ctrl+[组合键，将复制的图形置于最底层，效果如图 9-123 所示。在按住 Alt+Shift 组合键的同时，水平向右拖曳图形到适当的位置，复制图形，效果如图 9-124 所示。

图 9-119   图 9-120   图 9-121

图 9-122   图 9-123   图 9-124

（15）用相同的方法制作小熊身体，效果如图 9-125 所示。选择选择工具▶，用框选的方法将所绘制的图形全部选取，按 Ctrl+G 组合键，将其编组，如图 9-126 所示。

图 9-125

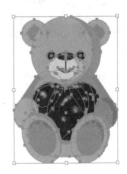

图 9-126

3．添加产品名称和投影

（1）拖曳编组图形到页面中适当的位置，效果如图 9-127 所示。选择文字工具 T，在适当的位置输入需要的文字。选择选择工具▶，在属性栏中选择合适的字体并设置文字大小，效果如图 9-128 所示。

（2）按 Ctrl+T 组合键，弹出"字符"控制面板，将"设置所选字符的字距调整"下拉列表 VA 设为 480，其他选项的设置如图 9-129 所示。按 Enter 键确定操作，效果如图 9-130 所示。

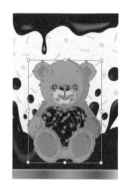

图 9-127

图 9-128

图 9-129

图 9-130

（3）设置文字填充色为咖啡色（其 C、M、Y、K 的值分别为 58、77、86、36），填充文字，效果如图 9-131 所示。选择"文字 > 创建轮廓"命令，将文字转换为轮廓路径，效果如图 9-132 所示。

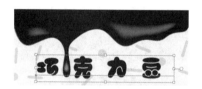

图 9-131

图 9-132

（4）选择"窗口 > 外观"命令，弹出"外观"控制面板。单击"添加新描边"按钮 □，生成新的"描边"选项，如图 9-133 所示。设置描边色为棕色（其 C、M、Y、K 的值分别为 21、45、56、0），填充描边，将"描边粗细"选项设置为 8 pt，如图 9-134 所示。按 Enter 键确定操作，效果如图 9-135 所示。

图 9-133

图 9-134

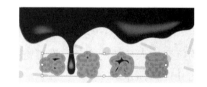

图 9-135

（5）在"外观"控制面板中，单击"添加新描边"按钮 □，生成新的"描边"选项。设置描边色为白色，填充描边，将"描边粗细"选项设置为 4 pt，如图 9-136 所示。按 Enter 键确定操作，效果如图 9-137 所示。

图 9-136

图 9-137

（6）在"外观"控制面板中，选中"填色"选项，如图 9-138 所示。单击并向上拖曳至最顶层，如图 9-139 所示，松开鼠标左键后，"外观"控制面板如图 9-140 所示，文字效果如图 9-141 所示。

（7）选择文字工具 T，在适当的位置输入需要的文字。选择"选择"工具 ▶，在属性栏中选择合适的字体并设置文字大小，填充文字为白色，效果如图 9-142 所示。

（8）选择选择工具 ▶，用框选的方法将图形和文字同时选取。按 Ctrl+G 组合键，编组图形，并将其拖曳至适当的位置。按 Shift+Ctrl+ [组合键，将编组图形置于底层，效果如图 9-143 所示。

图 9-138

图 9-139

图 9-140

图 9-141

图 9-142

图 9-143

（9）选取上方渐变图形，按 Ctrl+C 组合键，复制图形；按 Shift+Ctrl+V 组合键，就地粘贴图形，如图 9-144 所示。在按住 Shift 键的同时，单击下方编组图形将其同时选取，如图 9-145 所示。按 Ctrl+7 组合键，建立剪切蒙版，效果如图 9-146 所示。

图 9-144

图 9-145

图 9-146

（10）选择椭圆工具 ◯，在包装底部绘制一个椭圆形，填充图形为黑色，并设置描边色为无，效果如图 9-147 所示。在属性栏中将"不透明度"选项设为 70%，按 Enter 键确定操作，效果如图 9-148 所示。

图 9-147 　　　　　　　　　　　　　　　　图 9-148

（11）选择"效果 > 模糊 > 高斯模糊"命令，在弹出的"高斯模糊"对话框中进行设置，如图 9-149 所示，单击"确定"按钮，效果如图 9-150 所示。

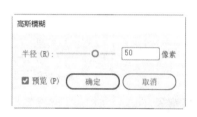

图 9-149 　　　　　　　　　　　　　　　　图 9-150

（12）按 Shift+Ctrl+ [组合键，将编组图形置于最底层，效果如图 9-151 所示。巧克力豆包装制作完成，效果如图 9-152 所示。

图 9-151 　　　　　　　　　　　　　　　　图 9-152

9.2.4 【相关工具】

1. 对象的顺序

对象之间存在着堆叠的关系，后绘制的对象一般显示在先绘制的对象之上，在实际操作中，可以根据需要改变对象之间的堆叠顺序。

选择"对象 > 排列"命令，其子菜单包括 5 个命令："置于顶层""前移一层""后移一层""置

于底层"和"发送至当前图层"。使用这些命令可以改变图形对象的排序,
对象间堆叠的效果如图 9-153 所示。

　　选中要排序的对象,用鼠标右键单击页面,在弹出的快捷菜单中也可选
择"排列"命令,还可以应用组合键命令来对对象进行排序。

◎ 置于顶层

　　将选取的图像移到所有图像的顶层。选取要移动的图像,如图 9-154 所
示。用鼠标右键单击页面,弹出其快捷菜单,在"排列"命令的子菜单中选择"置
于顶层"命令,图像排到顶层,效果如图 9-155 所示。

图 9-153

图 9-154

图 9-155

◎ 前移一层

　　将选取的图像向前移过一个图像。选取要移动的图像,如图 9-156 所示。用鼠标右键单击页面,弹出
其快捷菜单,在"排列"命令的子菜单中选择"前移一层"命令,图像将向前移一层,效果如图 9-157 所示。

◎ 后移一层

　　将选取的图像向后移过一个图像。选取要移动的图像,如图 9-158 所示。用鼠标右键单击页面,弹出
其快捷菜单,在"排列"命令的子菜单中选择"后移一层"命令,图像将向后移一层,效果如图 9-159 所示。

图 9-156

图 9-157

图 9-158

图 9-159

◎ 置于底层

　　将选取的图像移到所有图像的底层。选取要移动的图像,如图 9-160 所示。用鼠标右键单击页面,弹
出其快捷菜单,在"排列"命令的子菜单中选择"置于底层"命令,图像将排到最后面,效果如图 9-161 所示。

图 9-160

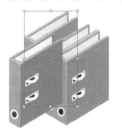

图 9-161

◎ 发送至当前图层

选择"图层"控制面板，在"图层 1"上新建"图层 2"，如图 9-162 所示。选取要发送到当前图层的图像，如图 9-163 所示，这时"图层 1"变为当前图层，如图 9-164 所示。

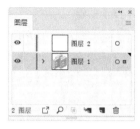

| 图 9-162 | 图 9-163 | 图 9-164 |

用鼠标单击"图层 2"，使"图层 2"成为当前图层，如图 9-165 所示。用鼠标右键单击页面，弹出其快捷菜单，在"排列"命令的子菜单中选择"发送至当前图层"命令。绿色双层文件夹图像就被发送到当前图层，即"图层 2"中，页面效果如图 9-166 所示，"图层"控制面板如图 9-167 所示。

| 图 9-165 | 图 9-166 | 图 9-167 |

2. 编组

使用"编组"命令，可以将多个对象组合在一起使其成为一个对象。使用选择工具 ，选取要编组的图像，编组之后，单击任何一个图像，其他图像都会被一起选取。

◎ 创建组合

选取要编组的对象，选择"对象 > 编组"命令（或按 Ctrl+G 组合键），将选取的对象组合。组合后，选择其中的任何一个图像，其他的图像也会同时被选取，如图 9-168 所示。

将多个对象组合后，其外观并没有变化，但当对其中任何一个对象进行编辑时，其他对象也随之产生相应的变化。如果需要单独编辑组合中的个别对象，而不改变其他对象的状态，可以应用编组选择工具 进行选取。选择编组选择工具 ，用鼠标单击要移动的对象并按住鼠标左键不放，拖曳对象到合适的位置，效果如图 9-169 所示，可见其他的对象并没有变化。

提示

　　"编组"命令还可以将几个不同的组合进行进一步组合，或在组合与对象之间进行进一步组合。在几个组之间进行组合时，原来的组合并没有消失，它与新得到的组合是嵌套关系。组合不同图层上的对象，组合后所有的对象将自动移动到最上边对象的图层中，并形成组合。

◎ 取消组合

选取要取消组合的对象，如图 9-170 所示。选择"对象 > 取消编组"命令（或按 Shift+Ctrl+G 组合键），取消组合的图像。取消组合后，可以通过单击鼠标选取任意一个图像，如图 9-171 所示。

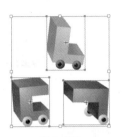

| 图 9-168 | 图 9-169 | 图 9-170 | 图 9-171 |

执行一次"取消编组"命令只能取消一层组合，例如，两个组合使用"编组"命令得到一个新的组合。应用"取消编组"命令取消这个新组合后，得到两个原始的组合。

3. 锁定对象

锁定对象可以防止操作时误选对象，也可以防止当多个对象重叠在一起而只选择一个对象时，其他对象也连带被选取。锁定对象包括 3 个部分：所选对象、上方所有图稿、其他图层。

◎ 锁定所选对象

选取要锁定的图形，如图 9-172 所示。选择"对象 > 锁定 > 所选对象"命令（或按 Ctrl+2 组合键），将所选图形锁定。锁定后，当其他图像移动时，锁定对象不会随之移动，如图 9-173 所示。

◎ 锁定上方所有图稿

选取蓝色图形，如图 9-174 所示。选择"对象 > 锁定 > 上方所有图稿"命令，蓝色图形之上的绿色图形和紫色图形被锁定。当移动蓝色图形时，绿色图形和紫色图形不会随之移动，如图 9-175 所示。

| 图 9-172 | 图 9-173 | 图 9-174 | 图 9-175 |

◎ 锁定其他图层

蓝色图形、绿色图形、紫色图形分别在不同的图层上，如图 9-176 所示。选取紫色图形，如图 9-177 所示。选择"对象 > 锁定 > 其他图层"命令，在"图层"控制面板中，除了紫色图形所在的图层外，其他图层都被锁定了。被锁定图层的左边将会出现一个锁头图标🔒，如图 9-178 所示。锁定图层中的图像在页面中也都被锁定了。

◎ 解除锁定

选择"对象 > 全部解锁"命令（或按 Alt+Ctrl+2 组合键），被锁定的图像就会被取消锁定。

图 9-176　　　　　　　　　　图 9-177　　　　　　　　　　图 9-178

4．隐藏对象

可以将当前不重要或已经做好的图像隐藏起来，避免妨碍其他图像的编辑。

隐藏图像包括 3 个部分：所选对象、上方所有图稿、其他图层。

◎ 隐藏所选对象

选取要隐藏的图形，如图 9-179 所示。选择"对象 > 隐藏 > 所选对象"命令（或按 Ctrl+3 组合键），所选图形被隐藏起来，效果如图 9-180 所示。

◎ 隐藏上方所有图稿

选取蓝色图形，如图 9-181 所示。选择"对象 > 隐藏 > 上方所有图稿"命令，蓝色图形之上的所有图形都被隐藏，如图 9-182 所示。

图 9-179　　　　　　　图 9-180　　　　　　　图 9-181　　　　　　　图 9-182

◎ 隐藏其他图层

选取紫色图形，如图 9-183 所示。选择"对象 > 隐藏 > 其他图层"命令，在"图层"控制面板中，除了紫色图形所在的图层外，其他图层都被隐藏了，即眼睛图标 ◉ 消失了，如图 9-184 所示。其他图层中的图像在页面中都被隐藏了，效果如图 9-185 所示。

图 9-183　　　　　　　　　图 9-184　　　　　　　　　图 9-185

◎ 显示所有对象

当对象被隐藏后，选择"对象 > 显示全部"命令（或按 Alt+Ctrl+3 组合键），所有对象都将被显示出来。

9.2.5　【实战演练】制作香皂包装

使用矩形工具、直接选择工具和"投影"命令制作包装盒，使用钢笔工具、文字工具和"字符"控制面板制作包装文字，使用"置入"命令置入素材文件。最终效果参看云盘中的"Ch09 > 效果 > 制作香皂包装 .ai"，如图 9-186 所示。

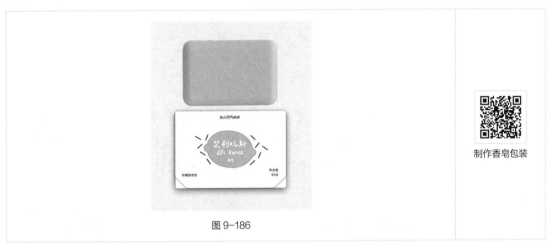

图 9-186

制作香皂包装

9.3 综合演练——制作坚果食品包装

9.3综合演练

制作坚果
食品包装

9.4 综合演练——制作糖果手提袋

9.4综合演练

制作糖果
手提袋

10

第 10 章
综合设计实训

本章的综合设计实训，都是真实商业设计项目。通过演练，学生可以牢固掌握 Illustrator CC 2019 的操作功能和使用技巧，制作出更加专业的商业设计作品。

课堂学习目标

- 掌握 Banner 的设计要点
- 掌握电商网页的设计要点
- 掌握海报的设计要点
- 掌握书籍封面的设计要点
- 掌握包装的设计要点

10.1 Banner 设计——制作金融理财 App 的 Banner

10.1 Banner
设计

设计作品效果所在位置：云盘中的"Ch10 > 效果 > 制作金融理财 App 的 Banner. ai"，如图 10-1 所示。

制作金融
理财App的
Banner

图 10-1

步骤提示

（1）打开 Illustrator CC 2019，按 Ctrl+N 组合键，弹出"新建文档"对话框，设置文档的宽度为 750 px，高度为 360 px，取向为横向，颜色模式为 RGB，单击"创建"按钮，新建一个文档。

（2）选择矩形工具 ▣，绘制一个与页面大小相等的矩形，并填充相应的渐变色，效果如图 10-2 所示。打开素材文件，将其粘贴到页面中，效果如图 10-3 所示。

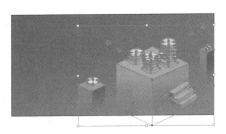

图 10-2

图 10-3

（3）使用钢笔工具 ✎，绘制卡通人物头部和身体部分，并填充相应的颜色，效果如图 10-4 所示。使用椭圆工具 ◯ 和"路径查找器"控制面板，制作金币图形，并填充相应的颜色，效果如图 10-5 所示。

图 10-4

图 10-5

（4）选择选择工具 ▶，用框选的方法将所绘制的图形全部选取。按 Ctrl+G 组合键，将其编组，拖曳编组图形到页面中适当的位置，并调整其大小，效果如图 10-6 所示。

（5）选择文字工具 T，在适当的位置分别输入需要的文字。选择选择工具 ▶，在属性栏中分别选择合适的字体并设置文字大小，填充文字为白色，效果如图 10-7 所示。金融理财 App 的 Banner 制作完成。

图 10-6   图 10-7

10.2 电商网页设计——制作家居电商网站产品详情页

设计作品效果所在位置：云盘中的"Ch10 > 效果 > 制作家居电商网站产品详情页 .ai"，如图 10-8 所示。

10.2 电商网页设计

制作家居电商网站产品详情页1

制作家居电商网站产品详情页2

制作家居电商网站产品详情页3

图 10-8

步骤提示

（1）打开 Illustrator CC 2019，按 Ctrl+N 组合键，弹出"新建文档"对话框。设置文档的宽度为 1 920 px，高度为 3 155 px，取向为纵向，颜色模式为 RGB，单击"创建"按钮，新建一个文档。

（2）按 Ctrl+R 组合键，显示标尺。使用选择工具▶，在页面中分别拖曳水平和垂直参考线。在"变换"面板中，设置"X"轴和"Y"轴的数值，效果如图 10-9 所示。置入素材图片并调整其位置和大小，效果如图 10-10 所示。

图 10-9   图 10-10

（3）选择文字工具 **T**，在适当的位置分别输入需要的文字。选择选择工具▶，在属性栏中分别选择合适的字体并设置文字大小，填充文字相应的颜色，效果如图 10-11 所示。

图 10-11

（4）置入素材图片并调整其位置和大小，使用矩形工具▢，制作图片剪切蒙版，效果如图 10-12 所示。使用文字工具 **T** 和矩形工具▢，制作内容区域，效果如图 10-13 所示。

图 10-12   图 10-13

（5）用相同的方法制作页脚区域，效果如图 10-14 所示。家居电商网站产品详情页制作完成，效果如图 10-15 所示。

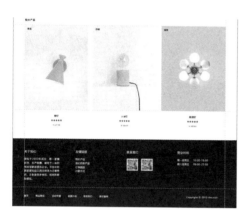

图 10-14

图 10-15

10.3　海报设计——制作美食海报

设计作品效果所在位置：云盘中的"Ch10 > 效果 > 制作美食海报 .ai"，如图 10-16 所示。

10.3 海报设计

图 10-16

制作美食
海报1

制作美食
海报2

步骤提示

（1）打开 Illustrator CC 2019，按 Ctrl+N 组合键，弹出"新建文档"对话框。设置文档的宽度为 143mm，高度为 220mm，取向为竖向，"画板"选项设为 2，颜色模式为 CMYK，单击"创建"按钮，新建一个文档。

（2）选择矩形工具 ▣，绘制一个与页面大小相等的矩形，并填充相应的颜色，效果如图 10-17 所示。打开素材文件，将其粘贴到页面中，并调整其不透明度，效果如图 10-18 所示。置入素材图片并调整其位置和大小，使用椭圆工具 ◯，制作图片剪切蒙版，效果如图 10-19 所示。

图 10-17   图 10-18   图 10-19

（3）使用文字工具 T、混合工具 🖫 和渐变工具 ▣，制作立体文字效果，如图 10-20 所示。选择文字工具 T，在适当的位置分别输入需要的文字。选择选择工具 ▶，在属性栏中分别选择合适的字体并设置适当的文字大小，并填充相应的颜色，然后置入素材图片并调整其位置和大小，效果如图 10-21 所示。

（4）选择圆角矩形工具 ▢，制作图片剪切蒙版，效果如图 10-22 所示。

（5）选择圆角矩形工具 ▢，在适当的位置绘制 3 个圆角矩形，效果如图 10-23 所示。选择文字工具 T，在适当的位置分别输入需要的文字。选择选择工具 ▶，在属性栏中分别选择合适的字体并设置适当的文字大小，并填充相应的颜色，效果如图 10-24 所示。美食海报制作完成。

图 10-20   图 10-21   图 10-22

图 10-23   图 10-24

10.4 书籍封面设计——制作菜谱图书封面

设计作品效果所在位置：云盘中的"Ch10 > 效果 > 制作菜谱图书封面 .ai"，如图 10-25 所示。

图 10-25

制作菜谱
图书封面1

制作菜谱
图书封面2

制作菜谱
图书封面3

步骤提示

（1）打开 Illustrator CC 2019，按 Ctrl+N 组合键，弹出"新建文档"对话框。设置文档的宽度为 315mm，高度为 230mm，取向为横向，颜色模式为 CMYK，单击"创建"按钮，新建一个文档。

（2）按 Ctrl+R 组合键，显示标尺。使用选择工具▶，在页面中拖曳垂直参考线，在"变换"面板中，设置"X"轴的数值。选择矩形工具▢，在页面中分别绘制矩形，并填充相应的颜色，效果如图 10-26 所示。

（3）打开素材文件，将其粘贴到页面中，选择"窗口 > 透明度"命令，调整图形不透明度，效果如图 10-27 所示。

图 10-26

图 10-27

（4）置入素材图片并调整其位置和大小，使用矩形工具▢，制作图片剪切蒙版，效果如图 10-28 所示。选择文字工具 T，在适当的位置分别输入需要的文字。选择选择工具▶，在属性栏中分别选择合适的字体并设置适当的文字大小，填充文字为白色，效果如图 10-29 所示。

图 10-28

图 10-29

（5）选择钢笔工具 ✎ 和路径文字工具 ✎，在封面中制作路径文字，效果如图 10-30 所示。选择星形工具 ☆、椭圆工具 ◯ 和混合工具 ✎，制作菜品标签，效果如图 10-31 所示。

图 10-30

图 10-31

（6）置入素材图片并调整其位置和大小，使用文字工具 T，添加封底文字，效果如图 10-32 所示。选择选择工具 ▶，分别选取需要的图形，在按住 Alt 键的同时，用鼠标拖曳到书脊上适当的位置，复制图形，并调整其大小。选择直排文字工具 IT，添加书脊文字，效果如图 10-33 所示。菜谱图书封面制作完成。

图 10-32

图 10-33

10.5包装设计

10.5 包装设计——制作苏打饼干包装

设计作品效果所在位置：云盘中的"Ch10 > 效果 > 制作苏打饼干包装 .ai"，如图 10-34 所示。

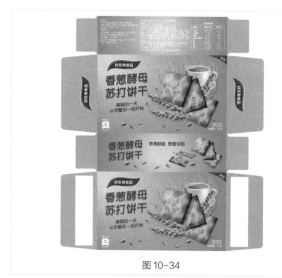

制作苏打 饼干包装1　　制作苏打 饼干包装2　　制作苏打 饼干包装3

图 10-34

步骤提示

（1）打开 Illustrator CC 2019，按 Ctrl+N 组合键，弹出"新建文档"对话框，设置文档的宽度为 234 mm，高度为 268 mm，取向为纵向，颜色模式为 CMYK，单击"创建"按钮，新建一个文档。

（2）按 Ctrl+R 组合键，显示标尺。使用"选择"工具 ▶，在页面中分别拖曳出水平和垂直参考线，在"变换"面板中，设置"X"轴和"Y"轴的数值，效果如图 10-35 所示。

（3）使用矩形工具 ▢、直接选择工具 ▷、镜像工具 ▷◁ 和渐变工具 ▣，制作包装平面展开图，效果如图 10-36 所示。

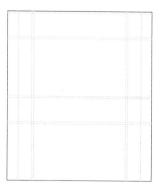

图 10-35

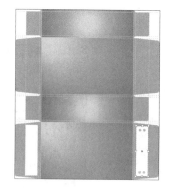

图 10-36

（4）置入素材图片并调整其位置和大小，效果如图 10-37 所示。使用文字工具 T 和倾斜工具 ☞，制作包装正面，效果如图 10-38 所示。使用矩形工具 ▢、椭圆工具 ◯ 和"路径查找器"控制面板，制作能量标签，效果如图 10-39 所示。

图 10-37　　　　　　　　　　图 10-38　　　　　　　　　　图 10-39

（5）打开素材文件，将其粘贴到页面中，效果如图 10-40 所示。用相同的方法制作包装其他部分，效果如图 10-41 所示。苏打饼干包装制作完成。

图 10-40　　　　　　　　　　　　　　　图 10-41

扩展知识扫码阅读

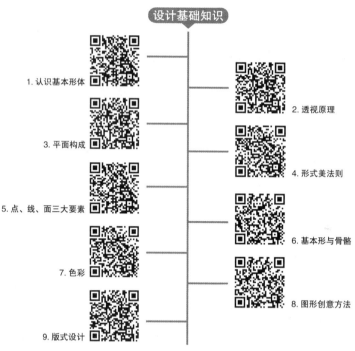

设计基础知识

1. 认识基本形体

2. 透视原理

3. 平面构成

4. 形式美法则

5. 点、线、面三大要素

6. 基本形与骨骼

7. 色彩

8. 图形创意方法

9. 版式设计

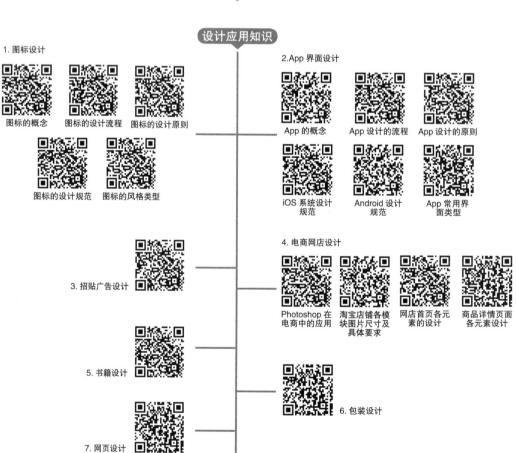

设计应用知识

1. 图标设计

图标的概念　图标的设计流程　图标的设计原则

图标的设计规范　图标的风格类型

2. App 界面设计

App 的概念　App 设计的流程　App 设计的原则

iOS 系统设计规范　Android 设计规范　App 常用界面类型

3. 招贴广告设计

4. 电商网店设计

Photoshop 在电商中的应用　淘宝店铺各模块图片尺寸及具体要求　网店首页各元素的设计　商品详情页面各元素设计

5. 书籍设计

6. 包装设计

7. 网页设计